FORSCHUNGSBERICHTE DES LANDES NORDRHEIN-WESTFALEN

Nr. 1948

Herausgegeben im Auftrage des Ministerpräsidenten Heinz Kühn
von Staatssekretär Professor Dr. h. c. Dr. E. h. Leo Brandt

DK 677.061.1.001.5 : 677.062.001.5 : 677.02 : 620.172.21

Obering. Herbert Stein

Institut für textile Meßtechnik M.Gladbach e. V., Mönchengladbach

Testfadenmeßtechnik zur indirekten Ermittlung
während der Verarbeitungsprozesse
auftretender Fadenspannungen

WESTDEUTSCHER VERLAG · KÖLN UND OPLADEN 1968

ISBN 978-3-663-03928-0   ISBN 978-3-663-05117-6 (eBook)
DOI 10.1007/978-3-663-05117-6

Verlags-Nr. 011948

© 1968 by Westdeutscher Verlag GmbH, Köln und Opladen

Gesamtherstellung: Westdeutscher Verlag

Inhalt

1. Vorwort 5

2. Allgemeine Betrachtungen 5

3. Aufgabenstellung 8

4. Verwendete Prüfgeräte 8
   4.1 Statisches Zugprüfgerät 8
   4.2 Automatisch arbeitendes Zugprüfgerät 9
   4.3 Dehnungsprüfmaschinen zur Ermittlung von Dehnkräften am laufenden Faden 9
   4.4 Fadenspannungsmeßeinrichtungen 10

5. Durchgeführte Untersuchungen 10
   5.1 Veränderung der Garneigenschaften durch Zugkräfte 10
       5.11 Nachweis von Materialveränderungen durch Kraft–Längenänderungs-Kurven 11
       5.12 Aufzeichnung der Reißkraft- und der Reißdehnungswerte in Form von Strichdiagrammen 12
       5.13 Ermittlung der Kraft–Dehnungs-Eigenschaften durch Dehnkraftprüfungen am laufenden Faden 13
   5.2 Auswirkung der beim Spinnen und Zwirnen auftretenden Fadenspannungen 14
       5.21 Untersuchungen an Baumwollgespinsten 14
       5.22 Untersuchungen an Baumwollzwirnen 15
       5.23 Einfluß kurzzeitiger Fadenzugspitzen 16
   5.3 Ermittlung der Fadenbeanspruchung bei Spulmaschinen ... 18
   5.4 Testfaden-Meßtechnik 18

6. Zusammenfassung 20

7. Literaturverzeichnis 22

8. Abbildungen 24

1. Vorwort

Das ITM hat sich in größerem Umfange mit der Durchführung von statischen Zugprüfungen und parallel dazu mit Dehnkraftprüfungen am laufenden Faden befaßt. Auf indirektem Wege ist es mit beiden Verfahren möglich, die Auswirkungen ausgeübter Zugkräfte (Fadenspannungen) auf ein Fadenmaterial zu studieren und zahlenmäßig zu erfassen.

In Fortsetzung bereits früher vom Institutsleiter durchgeführter Untersuchungen soll mit dem vorliegenden Bericht aufgezeigt werden, wie es durch Ermittlung der Kraft-Dehnungs-Eigenschaften verarbeiteter Fäden möglich ist, Rückschlüsse auf die während der Verarbeitung in Form von Fadenspannungen auftretenden Zugkräfte zu ziehen und auf diesem Wege festzustellen, ob ausgeübte Beanspruchungen unzulässige, das Material schädigende Größenwerte erreicht haben.

Die Beschäftigung mit einschlägigen Problemen wurde ermöglicht durch eine vom Land Nordrhein-Westfalen gewährte Forschungsbeihilfe.

An der Durchführung der Untersuchungen im Laboratorium und im praktischen Betrieb sowie an der Auswertung der Ergebnisse haben mitgewirkt:

> Text.-Ing. A. ERKENS,
> Dipl.-Phys. S. HOBE,
> Text.-Ing. H. v. D. WEYDEN.

Zu danken ist in diesem Zusammenhang auch den Firmen und den Fachleuten aus der Textilindustrie, die durch Bereitstellung von Material, Hinweise auf vorliegende Aufgabenstellungen und durch Rat und Tat die Arbeit des Instituts unterstützt haben.

2. Allgemeine Betrachtungen

Die während der verschiedensten Verarbeitungsprozesse auf einen Faden einwirkenden Zugkräfte können zu unzulässigen Beanspruchungen führen. Ist eine Häufung von Fadenbrüchen zu verzeichnen, dann wird dies Veranlassung geben, festzustellen, ob zu hohe mittlere Fadenspannungen vorliegen oder – bedingt durch irgendwelche Arbeitsvorgänge – Fadenzugstöße auftreten, durch die insbesondere Fadenstücke geringerer Festigkeit gefährdet sind.

Es können sich jedoch auch noch weit unter der Bruchgrenze liegende Zugkräfte störend auswirken, wenn dadurch die einem bestimmten Fadenmaterial eigentümlichen Kraft-Dehnungs-Eigenschaften verändert bzw. durch schwankende Fadenzugkräfte unterschiedlich verändert werden. Ein überdehntes Fadenmaterial zeigt bei einer nachfolgenden Entlastung die Neigung sich zu verkürzen (zu retardieren). Vielfach wird eine durch Zugkräfte bewirkte plastische Verformung (Dehnung) erst dann wieder aufgeholt, wenn das Fadenmaterial im entspannten Zustand benetzt oder auch erhitzt wird. Bei solchen Vorgängen treten unter Umständen relativ hohe Krumpf- oder Schrumpfkräfte auf, so daß es zu Fadenverkürzungen auch dann kommt, wenn das betreffende Fadenstück fest in einem Gewebe oder Gewirke eingebunden ist. Verwerfungen des Flächengebildes oder das Ausbilden einzelner Spannfäden sind die Folge. Sie führen zu Störungen des Gewebebildes und zu unerwünschten Reklamationen.

Um direkt im Betrieb an der laufenden Arbeitsmaschine festzustellen, ob und wieweit die auftretenden Fadenspannungen bereits Größenwerte erreichen, die für ein bestimmtes zur Verarbeitung vorliegendes Material schädlich sind, werden Fadenspannungsmessungen durchgeführt. Hierbei kommen entweder einfache Handfadenspannungsmeßgeräte zum Einsatz, deren Anzeige Aussagen über die Höhe von »mittleren« Fadenspannungen zu entnehmen sind. Auch werden für solche Zwecke elektronische Fadenspannungsmesser eingesetzt, die mittels angeschlossener Tintenschreiber fortlaufend die Größe der im Faden wirksamen Zugkräfte auf Diagrammpapier aufzeichnen.

Schon beim Befühlen eines laufend bewegten Fadens mit dem Finger ist vielfach festzustellen, daß den »mittleren« Fadenspannungen kurzzeitige Fadenzugstöße überlagert sind, die mitunter erhebliche Werte erreichen können. Es ist wichtig, solche störenden Vorgänge zu erfassen, einmal, um ihre Ursache zu ermitteln und den Versuch zu machen, sie durch geeignete Maßnahmen zu unterbinden. Außerdem hat zu gelten, daß Einfluß auf die Materialeigenschaften zweifellos nicht allein die mittleren Fadenspannungen, sondern auch Fadenzugstöße nehmen werden.

Mit Hilfe elektronischer Bauteile ist es möglich, Fadenspannungsmeßeinrichtungen aufzubauen, deren Meßglieder eine relativ hohe Eigenfrequenz aufweisen, und die es gestatten, technische Schnellschreiber oder Oszillographen anzusteuern, um so eine Möglichkeit zu haben, auch rasch verlaufende Fadenspannungsänderungen exakt zu erfassen.

Mit solchen rasch wechselnden Fadenspannungen und auch mit starken Fadenzugstößen ist bei Ringspinn- und Ringzwirnmaschinen zu rechnen, wenn die Spinnwerkzeuge (Spindel, Ring und Fadenführungsöse) schlecht ausgerichtet sind, wenn die Ringlaufbahn Schäden aufweist oder durch einseitig angeordnete Ballontrennbleche der zum Ballon ausgeweitete Faden stoßartig abgebremst wird.

Auch bei Arbeitsvorgängen auf Webereivorbereitungsmaschinen und Webereimaschinen muß damit gerechnet werden, daß der Faden nicht konstanten Fadenzugkräften unterworfen wird, sich vielmehr den mittleren Fadenspannungen mehr oder weniger große Fadenzugschwankungen überlagern. Die meßtechnische Erfassung solcher Vorgänge wird Möglichkeiten bieten, weit besser als mit einfachen Fadenspannungsmeßuhren zu beurteilen, ob unzulässige Beanspruchungen vorliegen.

Nach dem Vorgesagten hat jedoch zu gelten, daß eigentlich weniger Größe und Art der Fadenspannungen als vielmehr dadurch hervorgerufene Veränderungen der Kraft-Dehnungs-Eigenschaften des Fadenmaterials von praktischer Bedeutung sind. Es scheint deshalb naheliegend, durch Anwendung geeigneter Prüfverfahren festzustellen, wieweit bekannte Kraft-Dehnungs-Eigenschaften eines Fadens bestimmter Art durch irgendwelche Verarbeitungsvorgänge verändert bzw. nachteilig verändert werden. Eine Untersuchungsmethode, die im Labor mit dort fest stationierten Geräten und von dafür geschulten Fachkräften vorzunehmen ist, bietet zweifellos verschiedenerlei Vorteile. Fadenspannungsmessungen im praktischen Betrieb erfordern dagegen vom Bearbeiter Kenntnisse nicht nur über Wirkungsweise und Einsatzmöglichkeiten der Meßeinrichtungen, sondern auch von der Arbeitsweise der zu überprüfenden Maschine. Sie können brauchbare Ergebnisse nur dann vermitteln, wenn sie ordnungsgemäß und unter Berücksichtigung der jeweils vorliegenden Verhältnisse zur Durchführung kommen.

Bei statischen Zugprüfungen wird sich im allgemeinen zeigen, daß beim Vergleich des Ausgangsmaterials mit einem weiterverarbeiteten Faden, der beim Umspulen, Schären, Schlichten oder dergleichen irgendwelchen Zugspannungen unterworfen war, ein Rückgang der Bruchdehnung zu verzeichnen ist. Besser sind eingetretene Veränderungen der Kraft–Dehnungs-Eigenschaften darzustellen, wenn durch beim Zugversuch eingesetzte Diagrammschreiber Kraft–Längenänderungs-Kurven aufgezeichnet werden. Zu gelten hat, daß solche Untersuchungen einen relativ hohen Zeitaufwand erfordern, wenn genügend statistisch gesicherte Aussagen gewonnen werden sollen. Auch wird es kaum möglich sein, aus den Ergebnissen zu erkennen, ob und wieweit im gleichen Faden Unterschiede vorliegen, gegebenenfalls solche, die sich periodisch über bestimmte Fadenlängen wiederholen.

Bei automatisch arbeitenden Zugprüfmaschinen werden im allgemeinen die Meßwerte in Form von Strichdiagrammen aufgetragen. Kommen einschlägige Prüfungen über größere Zeiten, beispielsweise auch in den Nachtstunden zur Durchführung, dann lassen sich aus dem Ergebnis im Sinne der gestellten Aufgabe meist gewisse Erkenntnisse ableiten. Unter Umständen kann dabei auch so vorgegangen werden, daß der Faden nicht bis zum Bruch belastet, der Prüfvorgang vielmehr jeweils nach Erreichen einer bestimmten Dehnungsgröße beendet wird.

Auf elegantere Weise und an einem fortlaufend bewegten Faden sind solche Untersuchungen mit Dehnungsprüfmaschinen vorzunehmen. Hier wird der Faden zwischen zwei mit unterschiedlichen Geschwindigkeiten umlaufenden Walzenpaaren geführt und die Kraft ermittelt, die erforderlich ist, um das Prüfgut in der Prüfstrecke um einen bestimmten, durch den eingestellten Getriebeverzug vorgegebenen Betrag zu dehnen. Dehnungsarme Fadenstücke werden dabei höhere Zugkräfte erfahren als solche, deren ursprüngliche Dehnbarkeit aufrechterhalten blieb.

Ein an einem laufend bewegten Faden aufgenommenes Dehnkraftdiagramm wird deshalb Übereinstimmung mit dem Verlauf der Fadenspannungen während der Verarbeitung zeigen. Wenn also im Hinblick auf befürchtete Materialschädigungen die Wirkungsweise einer bestimmten Maschinenkonstruktion bzw. die Einstellung oder die Verwendung bestimmter, der Fadenführung und der Fadenbremsung dienender Organe vorgenommen werden soll, dann ist es nicht unbedingt notwendig, Fadenspannungsmeßgeräte einzusetzen.

Wie ein Magnettonband aufgegebene Tonfrequenzen beim Abspielen wiedergibt, wird es möglich sein, über die durch geeignete Prüfungen ermittelten Kraft–Dehnungs-Eigenschaften festzustellen, welchen Beanspruchungen der Faden während des Arbeitsprozesses unterworfen war. Ein besonderer Vorteil wird dabei darin gesehen, daß die maximal im Fadenlauf auftretenden Zugkräfte erfaßt werden, die vielfach an Stellen wirksam sind, wo der Faden einer direkten Messung gar nicht zugänglich ist.

Soll das Verfahren der Dehnkraftprüfung am laufenden Faden benützt werden, um Maschinenkontrollen durchzuführen, dann müssen Fadenmaterialien Verwendung finden, die möglichst schon durch gegenüber der Bruchkraft sehr kleine Fadenspannungen plastisch verformt werden und bei denen damit gerechnet werden kann, daß um gleiche Werte zunehmende Zugkräfte etwa proportional gleich große Veränderungen der Dehnungseigenschaften bzw. der bei der Prüfung auf einer Dehnungsprüfmaschine auftretenden Dehnkräfte zur Folge haben.

Während also ganz allgemein zu gelten hat, daß vergleichende Prüfungen der Kraft–Dehnungs-Eigenschaften eine Möglichkeit geben, festzustellen, ob ein Material durch die Verarbeitung in seinen Kraft–Dehnungs-Eigenschaften verändert bzw. nachteilig verändert wurde, kann durch den Einsatz eines für diese Zwecke besonders geeigneten Testfadens mit bekannten Kennwerten darüber hinaus mit einiger Genauigkeit auf die

Größe der während der Verarbeitung auftretenden Fadenzugkräfte geschlossen werden, auch dann, wenn diese sich über weite Bereiche verändern und mitunter nur kleine Werte erreichen.

3. Aufgabenstellung

Beanspruchungen, wie sie während der Verarbeitung in Form von Fadenspannungen wirksam werden, führen zu Veränderungen der Kraft–Dehnungs-Eigenschaften des hiervon betroffenen Fadenmaterials. Deren Ausmaß ist dabei von der Größe der Zugkräfte, aber auch von dem durch die Kraft–Längenänderungs-Kurve darzustellenden Kraft–Dehnungs-Verhalten abhängig. Sind die Eigenschaften des Ausgangsmaterials bekannt und stehen die hierfür notwendigen Prüfeinrichtungen zur Verfügung, dann wird es möglich sein, über das Kraft–Dehnungs-Verhalten des verarbeiteten Fadens auch wichtige Rückschlüsse auf den Ablauf von Arbeitsvorgängen bzw. die hierbei ausgeübten Zugkräfte zu ziehen.

Das vorliegende Forschungsvorhaben stellt sich zur Aufgabe, aufzuzeigen,

welche Fadenmaterialien für solche Untersuchungen besonders geeignet scheinen, welche Meßverfahren zweckmäßig zur Anwendung kommen,
wie dabei Aussagen über Veränderungen zu erhalten sind, die sich über größere Fadenlängen erstrecken,
und wie sich Kennwerte für einen bestimmten Testfaden finden lassen, die es möglich machen, über festgestellte Veränderungen der Kraft–Dehnungs-Eigenschaften Rückschlüsse auf die Größe der während bestimmter Verarbeitungsvorgänge aufgetretenen Fadenspannungen zu ziehen.

Mit einfachen Fadenspannungsmeßgeräten festgestellten »mittleren« Fadenspannungen sind vielfach größere Schwankungen überlagert. Deren Erfassung und Registrierung macht erhebliche Schwierigkeiten und erfordert einen hohen apparativen Aufwand. Auch hier kann angenommen werden, daß ein Vergleich des Kraft–Dehnungs-Verhaltens vom Ausgangsmaterial mit dem des verarbeiteten Fadens wichtige Aufschlüsse über die durch Fadenzugstöße bewirkten Materialbeanspruchungen bringt. Die vorzunehmenden Untersuchungen waren deshalb auch in dieser Richtung zu führen.

4. Verwendete Prüfgeräte

Für die Durchführung des vorliegenden Forschungsvorhabens standen dem Institut eine Reihe von Meß- und Prüfeinrichtungen zur Verfügung, über deren Aufbau, Wirkungsweise und Einsatzmöglichkeiten kurz wie folgt zu berichten ist:

4.1 Statisches Zugprüfgerät

Zur Darstellung der Kraft-Dehnungs-Eigenschaften in Form von Kraft-Längenänderungs-Kurven und zur Ermittlung der Auswirkung ausgeübter Zugbeanspruchun-

gen auf ein Fadenmaterial bestimmter Art diente ein nach dem Prinzip der konstanten Verformungsgeschwindigkeit arbeitendes statisches Zugprüfgerät vom Typ »Statigraph«. Die Ermittlung der Zugkräfte erfolgt hierbei – praktisch weglos – durch eine elektronische Kraftmeßeinrichtung. Die Geschwindigkeit der Abzugsklemme ist in weiten Grenzen stufenlos regelbar. Auch kann die Länge der Prüfstrecke durch Versetzen der Abzugsklemme in einem Bereich von 100 bis 500 mm verändert werden.
Zur Betätigung der für dieses Gerät verwendeten neuartigen Fadenklemmen finden Schwenkhebel mit Kugelgriffen Verwendung. Eine Federanordnung gewährleistet praktisch gleiche Klemmdrücke auch dann, wenn sich, insbesondere bei der Überprüfung von synthetischen Endlosfäden, eine Fadeneinschnürung bis in die Klemmbacken hinein fortsetzt. Das Gerät ist mit einem automatisch arbeitenden Steuergerät ausgestattet, das die Durchführung von Wechselbeanspruchungen nach verschiedenen Programmen und das Studium von Relaxations-, Kriech- und Retardationsvorgängen ermöglicht.

4.2 Automatisch arbeitendes Zugprüfgerät

Um störende subjektive Einflüsse weitgehend auszuschalten, jeweils eine größere Zahl von Einzelversuchen durchzuführen und dabei ausreichend statistisch gesicherte Aussagen zu erhalten, wurde weiterhin ein automatisch arbeitender Garnfestigkeitsprüfer Typenbezeichnung »Statimat« eingesetzt, bei dem jeweils nach erfolgter Prüfung der gebrochene Faden selbsttätig durch einen neuen Fadenabschnitt ersetzt wird. Die einzelnen Meßwerte kommen in Form von Strichdiagrammen oder durch Kraft-Längenänderungs-Kurven, die bei entsprechender Einstellung des Gerätes auch übereinander aufgetragen werden können, zur Darstellung.
Ein in das schrankförmig ausgebildete Gerätegehäuse einbezogenes Doppelklassiergerät ermittelt zusätzlich zu den Summierzählwerken für Kraft- und Dehnung Summenhäufigkeitswerte für in Breite und Lage einstellbare Klassen. Mit Hilfe der Rechenplatte »Statifix« besteht dadurch die Möglichkeit, Zahlenwerte für Variationskoeffizienten zu finden.
Im vorliegenden Falle wurde der »Statimat« vor allem für Untersuchungen verwendet, bei denen es darauf ankam, Veränderungen von Reißkraft und Reißdehnung bzw. der Kraft-Dehnungs-Eigenschaften über größere Fadenlängen festzustellen.

4.3 Dehnungsprüfmaschinen zur Ermittlung von Dehnkräften am laufenden Faden

Die Ermittlung von Dehnkräften, die ein Faden erfährt, wenn er um einen bestimmten, vorgegebenen Betrag gedehnt wird, kann in relativ einfacher Weise am laufenden Prüfgut erfolgen. Er wird zu diesem Zweck zwischen zwei mit unterschiedlicher Geschwindigkeit umlaufenden Walzenpaaren geführt. Für die Durchführung eines solchen Prüfverfahrens wurde die Universal-Garnprüfmaschine »Frenzel-Hahn« Typ II/III entwickelt. An Stelle des ursprünglich für die Ermittlung der auftretenden Dehnkräfte vorgesehenen Pendelarm-Dynamometers finden neuerdings weglose, elektronisch arbeitende Kraftmeßeinrichtungen Verwendung. Die Kraftübertragung erfolgt dabei durch eine in den Fadenlauf zwischen Einzugs- und Abzugswalze eingeordnete Meßrolle.
Wichtig ist, daß bei solchen Untersuchungen das Fadenmaterial der Einzugswalze mit einer immer gleichen Vorspannung zugeführt wird. Zweckmäßig finden deshalb für die Dehnungsprüfmaschinen besondere Vorlaufgeräte Verwendung.
Eine dem Institut zur Verfügung stehende »Frenzel-Hahn-Garnprüfmaschine« ist nachträglich mit einem Gleichstromantrieb ausgestattet worden, der eine Veränderung der

Prüfgeschwindigkeit in weiten Grenzen (2–60 m/min) gestattet und dabei eine vorgewählte Geschwindigkeit weitgehend konstant aufrechterhält.

Die weiterhin für die nachstehend behandelten Versuche eingesetzte Dehnungsprüfmaschine vom Typ »Dynagraph II« stellt eine Fortentwicklung der Frenzel-Hahn-Garnprüfmaschine dar. Bemerkenswert ist dabei die Möglichkeit, die Getriebeverzüge in weiten Grenzen zu verändern, so daß auch sehr dehnbare Fäden (Elastomeren, Gummifäden, unverzogene Synthetikfäden) geprüft werden können.

Zur Betätigung des Vorlaufgerätes dient beim »Dynagraph II« ein kleiner Hilfsmotor, der von einer in den Faden eingeordneten Waage elektronisch angesteuert wird. Auf diese Weise läßt sich die Vorspannung sehr genau konstanthalten und durch unterschiedliche Belastung der Waage auf verschieden hohe Werte einstellen.

Eine neuartige Anordnung der zwangsläufig angetriebenen Zulauf- und Abzugswalzen und der einer sicheren Fadenklemmung dienenden Druckrollen gewährleistet einen weitgehend schlagfreien Lauf und gibt die Möglichkeit, die Druckrollen hin und her zu bewegen, um Einlauferscheinungen an den Belägen zu vermeiden.

4.4 Fadenspannungsmeßeinrichtungen

Für die Durchführung von Fadenspannungsmessungen an laufenden Arbeitsmaschinen fanden mehrere, nach unterschiedlichen Prinzipien arbeitende Kraftmeßeinrichtungen Verwendung. Dabei ist zu unterscheiden in solche, die der Anzeige und der Aufzeichnung von mittleren Zugkräften dienen und solche, die es möglich machen, größenordnungsmäßig richtig auch kurzzeitig auftretende Fadenspannungsänderungen zu erfassen. Im ersteren Fall können die Diagramme mit Tintenschreibern aufgezeichnet werden, die mit einem Drehpulsystem oder auch einem motorisch betriebenen, nach dem Kompensationsverfahren arbeitenden Meßwerk ausgestattet sind. Um rasch verlaufende Fadenspannungen ermitteln zu können, ist es nicht nur erforderlich, Registriereinrichtungen einzusetzen, die nicht oder nur geringfügig trägheitsbehaftet sind (techn. Schnellschreiber, Oszillographen), vielmehr müssen auch die eigentlichen Meßelemente eine hohe Eigenfrequenz aufweisen, damit die Ergebnisse nicht durch deren Eigenschwingungen verfälscht werden.

Im Bericht gezeigte Diagramme von Langzeitmessungen an Ringspinn- und Ringzwirnmaschinen wurden mit einer nach dem kapazitiven Prinzip arbeitenden Meßeinrichtung Typenbezeichnung »Tensotron« aufgenommen. Die Aufzeichnung »mittlerer« Fadenspannungen erfolgt hierbei von einem Tintenschreiber mit Drehpulsystem. Kurzzeitig während eines Läuferumlaufs auftretende Fadenzugkräfte wurden mit Hilfe von piezoelektrischen Kraftmeßeinrichtungen bestimmt. Als Registriergerät diente dabei der Flüssigkeitsstrahloszillograph »Oszillomink«.

5. Durchgeführte Untersuchungen

5.1 Veränderung der Garneigenschaften durch Zugkräfte

Feststellungen über die Auswirkung von Zugkräften, wie sie während der Verarbeitung eines Garnes auftreten, können mit verschiedenen Prüfverfahren getroffen werden. Dabei ist solchen der Vorzug zu geben, die es möglich machen, in relativ kurzer Zeit Aussagen über das Dehnungsverhalten größerer Fadenlängen zu gewinnen.

5.11 Nachweis von Materialveränderungen durch Kraft–Längenänderungs-Kurven

Sehr anschaulich lassen sich die Kraft–Dehnungs-Eigenschaften von Fasern und Fäden durch Kraft–Längenänderungs-Kurven – nachfolgend kurz KD-Linien genannt – darstellen (vgl. DIN-Blatt 53 834). Aus den Ergebnissen von Prüfungen, die vergleichend am Ausgangsmaterial und an Material vorgenommen werden, das gewissen Zugbeanspruchungen ausgesetzt war, ist leicht zu erkennen, ob Veränderungen bzw. stärkere Veränderungen des Kraft–Dehnungs-Verhaltens eingetreten sind. Dabei hat zu gelten, daß ein Teil der durch Zugkräfte bewirkten Materialdehnung bei einer nachfolgenden Entlastung elastisch wieder aufgeholt wird. Veränderungen der Kraft–Dehnungs-Eigenschaften werden also nur festzustellen sein, wenn auch plastische Verformungen aufgetreten sind. In dieser Hinsicht ist zu beachten, daß verschiedene Fadenmaterialien ein unterschiedliches Verhalten zeigen. Einmal wird festzustellen sein, daß schon geringe Zugkräfte bleibende Verformungen und damit Veränderungen der Kraft–Dehnungs-Eigenschaften hervorrufen, während andere Materialien – bezogen auf die Reißkraft – relativ hohe Zugkräfte erfahren können, ohne daß es zu Längenänderungen kommt, die sich anschließend an den Belastungsvorgang nicht sofort wieder zurückbilden.

Unberücksichtigt bleiben bei solchen Überlegungen zunächst auch Zeiteinflüsse, die sowohl bei der Belastung (Dauer der Einwirkung einer Zugkraft bestimmter Größe) als auch bei einer nachfolgenden Entlastung bis zur Vornahme der Prüfung wirksam werden. Im allgemeinen kann jedoch gelten, daß die Größe der bei solchen Versuchen ausgeübten Zugkraft von vorrangiger Bedeutung ist und daß hiervon ausgehend bei der Überprüfung der Kraft–Dehnungs-Eigenschaften festgestellte Veränderungen entsprechenden Zugkräften bei der Vorbelastung zuzuordnen sind.

In diesem Zusammenhang wird mit Abb. 1 gezeigt, wie sich die KD-Linien eines Baumwollgespinstes Nm 57 verändern, wenn auf das immer gleiche Ausgangsmaterial Zugkräfte in Höhe von 25 und 50% der für dieses Fadenmaterial ermittelten Reißkraft ausgeübt werden. Die Vorbelastung erfolgte dabei mit dem Zugprüfgerät »Statigraph« in der Weise, daß nach Einbringen eines Fadenabschnittes in die Meßstrecke die Abzugsklemme so lange abwärts bewegt wurde, bis sich die vorgewählte Zugkraft einstellte. Anschließend wurde dann erneut die Einspannlänge angefahren, die Abzugsklemme geöffnet, das Vorspanngewicht zur Wirkung gebracht und bei dem anschließenden Prüfvorgang die KD-Linie aufgezeichnet.

Um dabei sichtbar zu machen, wie der Faden auch auf relativ kleine Zugbeanspruchungen reagiert, wurde das Fadenmaterial vorher im spannungslosen Zustand benetzt und anschließend getrocknet. Dadurch lassen sich Materialeigenschaften erzeugen, wie sie gegeben wären, wenn die Herstellung des Gespinstes ohne jede Zugspannung erfolgen könnte.

Für das Beispiel Baumwollgespinst ergibt sich, daß eine stärkere Veränderung gegenüber der Ausgangs-KD-Linie bereits mit Zugkräften von 60 p entsprechend 25% Reißkraft bewirkt worden ist.

Abb. 2 bringt das Ergebnis gleichartiger Untersuchungen an einem Wollgarn Nm 34. Gegenüber dem Baumwollgarn weist das Wollgespinst einen völlig andersartigen Verlauf der KD-Linie auf. Ausgeübte Zugkräfte bis zu 80 p = 50% der Reißkraft bewirken hier nur eine gegenüber der Bruchdehnung relativ kleine Materialdehnung. Bei einer anschließenden Entlastung ist festzustellen, daß diese zudem elastisch weitgehend wieder aufgeholt wird. Es ist also von vornherein zu erwarten, daß auch bei größeren Zugbeanspruchungen keine plastischen Verformungen auftreten, die Veränderungen der Materialeigenschaften zur Folge haben würden. Abb. 2 läßt diese

Tendenz anschaulich erkennen. Selbst bei noch höheren Zugbeanspruchungen bleibt der Einfluß auf die Kraft-Dehnungs-Eigenschaften gering.

Die KD-Linie von Reyon zeichnet sich durch zwei ausgesprochene Wendepunkte aus (vgl. Abb. 3). Hiernach kann angenommen werden, daß sich ein solches Fadenmaterial im ersten Teil ähnlich wie Wolle, bei höheren Belastungen dagegen ähnlich wie Baumwolle verhält. Es ist also damit zu rechnen, daß Zugkräfte bis zu einer bestimmten Höhe keine oder nur unbedeutende, größere Zugkräfte dagegen starke Veränderungen der Kraft-Dehnungs-Eigenschaften zur Folge haben. Im vorliegenden Falle wurden die Vorbelastungen von 25, 50 und 75% der Reißkraft gewählt. Aus Abb. 9 geht hervor, daß eine Vorbelastung von Reyon Td 100/40 mit 40 p = 25% der Reißkraft keine bemerkbaren Veränderungen der KD-Linien bewirkt hat, während die für 50 und 75% Vorbelastung geltenden KD-Linien eine starke Abweichung gegenüber der KD-Linie des Ausgangsmaterials erkennen lassen.

5.12 Aufzeichnung der Reißkraft- und der Reißdehnungswerte in Form von Strichdiagrammen

Aus den mit den Abb. 1 und 3 gezeigten KD-Linien ist ersichtlich, daß durch die ausgeübten Zugkräfte bei dem Baumwollgespinst und bei Reyon nicht nur der Diagrammverlauf beeinflußt, sondern auch die Reißdehnung entsprechend verändert wird.

Mit dem Aufzeichnen und Auswerten von KD-Linien sind brauchbare Aussagen jeweils nur für kleinere Fadenlängen zu erhalten. Sofern zur Beurteilung der Materialeigenschaften die Auftragung der Meßwerte in Form von Strichdiagrammen als ausreichend erachtet werden kann, ist damit die Darstellung der Materialeigenschaften auch über etwas größere Fadenlängen möglich. Abb. 4 zeigt in dem Zusammenhang Ausschnitte aus Strichdiagrammen von dem Baumwollgespinst Nm 57 (vgl. hierzu Abb. 1), das vor der Überprüfung mit dem automatischen Garnfestigkeitsprüfer »Statimat« unterschiedlich hohen Zugkräften unterworfen war.

Die Ausübung von Kräften in der Größenordnung von 25 und 50% der Reißkraft erfolgte dabei mit Hilfe einer elektro-motorischen Fadenwinde, deren Drehmomente entsprechend eingestellt worden sind. Das Fadenmaterial ist hierbei auf eine harte Aluminiumhülse aufgewunden worden. Die Zuführung erfolgte mit Hilfe eines Fadenabzugsgerätes, wobei eine Fadengeschwindigkeit von 10 m/min zur Anwendung kam. Sehr anschaulich ist aus dem Diagrammblatt Abb. 4 zu erkennen, daß durch die Vorbeanspruchung praktisch keine Veränderungen der Reißkraft eingetreten sind. Dagegen hat die Reißdehnung mit zunehmender Belastung eine relativ starke Abnahme erfahren.

Gleiche Untersuchungen wurden auch an dem Wollgespinst Nm 34 und an Reyon Td 100/40 durchgeführt. Die hierbei gefundenen Ergebnisse sind mit den Abb. 5 und 6 wiedergegeben.

Auch für diese beiden Fadenmaterialien hat zu gelten, daß die Vorbelastungen auf die Reißkraft praktisch ohne Einfluß geblieben sind. Für das Wollgarn ist in Übereinstimmung mit Abb. 2 festzustellen, daß selbst die Belastungen bis zu 50% der Reißkraft zu keinen größeren Änderungen der Reißdehnung geführt haben. Bei der relativ starken Streuung der Meßwerte ist es im übrigen schwer, klare Tendenzen zu erkennen. Anders liegen die Verhältnisse bei Reyon. Hier zeigt sich wieder, daß eine Vorbelastung in Höhe von 25% der Reißkraft kaum irgendwelche Materialveränderungen bewirkt hat, während Zugkräfte in Höhe von 50%, wesentlich mehr noch solche in Höhe von 75% der Reißkraft, eine starke Verminderung der Reißdehnung zur Folge haben.

5.13 Ermittlung der Kraft–Dehnungs-Eigenschaften durch Dehnkraftprüfungen am laufenden Faden

Wie vorstehend schon ausgeführt (vgl. hierzu Abschnitt 2) lassen sich die Auswirkungen von Zugkräften auch dann nachweisen, wenn eine Zugprüfung nicht bis zum Eintritt des Fadenbruchs, vielmehr nur bis zum Erreichen einer bestimmten vorgewählten Bezugsdehnung durchgeführt wird. Auch hierbei ist jedoch der Nachteil in Kauf zu nehmen, daß absatzweise geprüft wird und die Untersuchung größerer Materiallängen unerwünscht viel Zeit in Anspruch nimmt.

Die Dehnkraftprüfung am laufenden Faden gibt die Möglichkeit, in relativ einfacher Weise die zu bestimmten Dehnungsstufen gehörenden Dehnkräfte zu ermitteln und zu registrieren. Solche Prüfungen lassen recht anschaulich erkennen, ob und gegebenenfalls welche Veränderungen der Kraft–Dehnungs-Eigenschaften eines Fadenmaterials eingetreten sind.

Die nachfolgend beschriebenen Untersuchungen erfolgten auf einer Universal-Garnprüfmaschine Type Frenzel–Hahn. Bei der Vorbereitung des Fadenmaterials wurden dabei die Dehnungsstufen so eingestellt, daß die in dem zwischen Einlauf- und Auslaufwalzen befindlichen Fadenstück wirksamen Dehnkräfte in der ersten Stufe der Vorspannkraft, in der zweiten und dritten Stufe ca. 25 bzw. 50% der Bruchkraft entsprachen. Die auf diese Weise vorbehandelten Fadenstücke hatten pro Dehnungsstufe jeweils eine Länge von 40 m.

Anschließend wurde dieser Faden bei einer konstanten, klein gehaltenen Dehnungsstufe erneut einer Dehnkraftprüfung unterworfen.

Abb. 7 bringt das Ergebnis einer solchen Prüfung an dem Baumwollgespinst Nm 57. Auf der linken Diagrammseite sind die bei der Vorbehandlung des Fadens durch verschieden große Dehnungsstufen bewirkten Dehnkräfte aufgezeichnet, während auf der rechten Diagrammseite die bei erneuter Dehnkraftprüfung mit einer konstanten Dehnungsstufe von 4% hervorgerufenen Zugkräfte registriert werden. Dabei zeigt sich, daß entsprechend der geradlinigen Kraft–Dehnungs-Charakteristik des Baumwollfadens die bei der Rücklaufprüfung ermittelten Dehnkräfte in gleicher Weise gestuft sind wie die vorher ausgeübten Zugkräfte.

Abb. 8 gilt für das von dem Wollgarn aufgenommene Dehnkraftdiagramm. Hier sind, wie nach den Vorversuchen (vgl. Abschnitt 5.11 und 5.12) zu erwarten war, keine mit Sicherheit nachzuweisenden Veränderungen der Kraft–Dehnungs-Eigenschaften eingetreten. Das ist zweifellos auf die hohe Elastizität des Wollgarns, außerdem auf die Tatsache zurückzuführen, daß hier auch mit der angewandten hohen Belastungskraft nur eine gegenüber der Reißdehnung relativ geringe Längenänderung während des Belastungsvorganges zu verzeichnen war.

Recht anschaulich ist demgegenüber in Abb. 9 der unterschiedliche Einfluß der Vorbelastungen bei einem Reyonfaden auf die bei der Dehnungsprüfung am laufenden Faden ermittelten Dehnkräfte zu erkennen. Auch hier zeigt sich jedoch wieder, daß erst dann mit größeren bleibenden Verformungen des Fadenmaterials zu rechnen ist, wenn die ausgeübten Zugkräfte über dem charakteristischen ersten Wendepunkt der KD-Linie liegen und dabei zu entsprechend größeren Längenänderungen führen.

Aus diesen Feststellungen ergibt sich, daß durch die während der Verarbeitung auftretenden Zugbeanspruchungen die Kraft–Dehnungs-Eigenschaften eines Baumwollfadens am stärksten, die eines Wollfadens dagegen am geringsten verändert werden. Bei den für Reyon vorliegenden Verhältnissen hat zu gelten, daß sich erst nach Überschreiten einer bestimmten Zugkraftgröße kritische Verhältnisse ergeben.

5.2 Auswirkung der beim Spinnen und Zwirnen auftretenden Fadenspannungen

Relativ hohe Fadenbeanspruchungen treten in Form von Aufwindespannungen beim Ringspinn- und Ringzwirnprozeß auf. Da der Faden zwischen Läufer und Cop einer direkten Messung nicht zugänglich ist, wurden besondere Meßspindeln eingesetzt, mit welchen die vom Faden auf die Spule bzw. die Spindel übertragenen Drehmomente bestimmt werden können. Aus solchen Untersuchungen ist bekannt, daß im allgemeinen die Aufwindespannung die zwei- bis dreifache Größe der mit geeigneten Fadenspannungsmeßgeräten zwischen Lieferwerk und Öse bestimmten Spinn- bzw. Zwirnspannung erreicht.

5.21 Untersuchungen an Baumwollgespinsten

Während des Aufwindevorgangs bzw. des Copaufbaues ist mit unterschiedlichen Aufwindespannungen und entsprechend mit unterschiedlichen Spinnspannungen zu rechnen. Bedingt werden diese in erster Linie durch Veränderungen des Fadenangriffwinkels am Läufer. Zusätzlich nehmen die am Fadenballon wirksamen Fliehkräfte Einfluß.

Einen guten Einblick in die sich abspielenden Vorgänge vermitteln Fadenspannungsmessungen, bei denen die sich zwischen Lieferwerk und Fadenführungsöse ausbildenden Spinnspannungen bestimmt werden.

Abb. 10 zeigt die Fadenspannungen, die während eines ganzen Abzuges an einer Spinnmaschine auftreten.

Die obere Linie gilt für das Winden an der Kegelspitze und die untere für das Winden an der Kegelbasis. Die Messungen wurden zwischen Lieferzylinder und Fadenöse vorgenommen. Dabei ist jedoch das Gespinst durch ein gefachtes Garn gleicher Nummer ersetzt worden. Die Fadenöse wurde langsamer als die Ringbank hochgesteuert, so daß sich der Fadenballon zum Ende des Abzuges hin verkürzte.

Von einem auf diese Weise erzeugten Gespinst wurden zunächst KD-Linien aufgezeichnet. Abb. 11 läßt erkennen, wie sich diese für das Fadenmaterial vom Ansatz und vom vollen Cop – hier unterteilt nach Material von Spitze und Basis – darstellen. Da während eines Ringbankhubes nur relativ kurze Fadenstücke von den hohen Fadenspannungen beim Winden auf die Kegelspitze betroffen werden, ist eine Einspannlänge von 100 mm gewählt worden. Verständlicherweise zeigen sich hierdurch vorhandene Unterschiede in einem stärkeren Maße auf als bei Anwendung einer Prüfstreckenlänge von 500 mm. Das Materialverhalten stimmt mit den Zugbeanspruchungen während des Spinnvorganges (vgl. hierzu Abb. 10) überein.

Aus den bei Dehnkraftprüfungen am laufenden Faden von einem solchen Baumwollgespinst ermittelten Diagrammen wurde Abb. 12 zusammengestellt.

Es zeigt an Material vom Ansatz, von der Copmitte und vom vollen Cop aufgenommene Dehnkraftlinien.

Wie vorstehend schon ausgeführt, lassen sich beim Spinnen verursachte Veränderungen der Materialeigenschaften löschen, wenn das Gespinst benetzt und anschließend spannungslos getrocknet wird. Das ist zunächst an Hand der in Abb. 13 aufgetragenen KD-Linien aufzuzeigen. Diese wurden wiederum an Fadenmaterial vom Ansatz und Materialstücken von der Kegelbasis und der Kegelspitze bei nahezu vollem Cop aufgenommen und zeigen nunmehr im Gegensatz zu Abb. 11 keine charakteristischen Unterschiede mehr.

Noch anschaulicher als mit Abb. 13 läßt sich die ausgleichende Wirkung der Fadenbenetzung durch Dehnkraftlinien aufzeigen, die bei Dehnungsprüfungen am laufenden Faden gewonnen wurden. Abb. 14 zeigt ergänzend zu der Fadenspannungsmessung Abb. 10 und der Dehnkraftprüfung Abb. 12, daß durch den Benetzungsvorgang die zu einer Bezugsdehnung von 5% gehörenden Dehnkräfte zurückgegangen sind. Außerdem liegt für das Material vom Ansatz und vom vollen Cop eine weitgehende Gleichmäßigkeit vor, das heißt, die Auswirkungen der im Spinn- und Aufwindefeld auf das Fadenmaterial einwirkenden Zugkräfte wurden weitgehend gelöscht.

Die einzelnen Diagrammabschnitte betreffen wieder Fadenmaterial vom Copansatz, von der Copmitte und vom vollen Cop, so daß direkte Vergleichsmöglichkeiten mit Abb. 12 gegeben sind.

5.22 Untersuchungen an Baumwollzwirnen

Durch Benetzen und Trocknen im spannungslosen Zustand behandelte Baumwollgespinste wurden anschließend auf einer Hamel-Ringzwirnmaschine verzwirnt. Hiermit müßte es möglich sein, noch anschaulicher als beim Spinnversuch aufzuzeigen, welchen Einfluß die Vorgänge beim Copaufbau nehmen.

Abb. 15 bringt in diesem Zusammenhang zunächst wieder das beim Zwirnversuch aufgenommene Fadenspannungsdiagramm. Das Meßorgan tastete oberhalb einer feststehenden Fadenführungsöse den vom Lieferwerk kommenden Faden ab. Da die Öse während des Copaufbaues an der gleichen Stelle verblieb, sind zusätzlich Auswirkungen erfaßt worden, die sich durch den im Anfang großen, später immer kleiner werdenden Fadenballon ergeben.

Abb. 16 zeigt KD-Linien von Fadenstücken, die dem Ansatz und dem vollen Cop – hier jeweils von der Kegelspitze und der Kegelbasis – entnommen worden sind. Wieder ist eine Einspannlänge von nur 100 mm gewählt worden, um getrennt die Materialeigenschaften von Fadenstücken erfassen zu können, die stark unterschiedlichen Fadenspannungen ausgesetzt waren.

Vom gleichen Fadenmaterial sind auch Strichdiagramme für Reißkraft und Reißdehnung mit dem automatischen Garnfestigkeitsprüfer »Statimat« aufgenommen worden. Zu verweisen bleibt hierzu auf Abb. 17, die, wiederum in drei Abschnitte unterteilt, aufzeigt, wie sich die Fadenmaterialien vom Copansatz, von der Copmitte und vom vollen Cop verhalten. Bei den Prüfergebnissen für das Material vom Copansatz zeigen sich – wie zu erwarten war – keine mit der Hubverlegung übereinstimmenden Schwankungsspiele. Dagegen ist für den halbvollen, noch deutlicher für den vollen Cop zu erkennen, daß Fadenabschnitte von der Kegelspitze eine geringere Dehnung aufweisen als solche, die von der Kegelbasis abgenommen werden.

Dem Fadenspannungsdiagramm ähnliche Diagramme wird eine Dehnkraftprüfung des Zwirns auf dem DYNAGRAPH vermitteln. Hierzu bleibt auf Abb. 18 zu verweisen, die ohne weitere Erläuterungen verständlich sein dürfte.

Nochmals soll auch an dem Baumwollzwirn gezeigt werden, daß sich durch Benetzen und Trocknen im spannungslosen Zustand Auswirkungen von Zugkräften weitgehend aufheben lassen. Abb. 19 bringt in dem Zusammenhang KD-Linien von Fadenabschnitten, die dem Ansatz sowie jeweils der Kegelbasis und der Kegelspitze vom vollen Cop entnommen wurden. Diese zeigen eine weitgehende Übereinstimmung; charakteristische Unterschiede wie in Abb. 16 sind nicht mehr zu erkennen.

Abb. 20 gilt für die Aufnahmen, die wie Abb. 17 mit dem automatischen Garnfestigkeitsprüfer »Statimat« aufgenommen worden sind. Die rot und blau geschriebenen

Strichdiagramme für Kraft und Dehnung liegen für das ausgekrumpfte Baumwollmaterial bei den angewandten Maßstäben auf etwa gleicher Höhe. Beim Schwarzweißdruck werden beide Farben schwarz wiedergegeben, so daß die Meßwerte nicht mehr klar voneinander zu trennen sind. Trotzdem vermittelt das Strichdiagramm die Aussage, daß nach dem Krumpfprozeß weitgehend gleichartige Materialeigenschaften vorliegen und daß evtl. durch den Ringzwirnprozeß verursachte, periodisch mit der Hubverlegung auf dem Cop wiederkehrende Materialveränderungen ausgeglichen worden sind.

Ergänzend hierzu bringt schließlich Abb. 21 Dehnkraftprüfungen über größere Fadenlängen. Bezüglich weiterer Einzelheiten bleibt dabei auf die im Diagrammblatt gemachten Angaben zu verweisen.

5.23 Einfluß kurzzeitiger Fadenzugspitzen

Wie schon mit früheren Veröffentlichungen gezeigt wurde, ist beim Ringspinn- und Ringzwirnverfahren damit zu rechnen, daß sich den mittleren Fadenspannungen größere Schwankungen überlagern. Diese sind meist darauf zurückzuführen, daß der rasch kreisende Läufer auf der Ringbahn Voraussetzungen vorfindet, die ihn veranlassen, Schwingbewegungen auszuführen und sich ungleichförmig vorwärtszubewegen. Das ist vor allem dann gegeben, wenn die Spindel nicht zentrisch im Ring sitzt, die Fadenführungsöse nicht genau zur Spindelachse ausgerichtet ist oder der ausschwingende Fadenballon seitlich an Ballontrennbleche anschlägt. Werden Fadenspannungsmeßeinrichtungen angesetzt, die in der Lage sind, Vorgänge zu erfassen, die sich während eines Läuferumlaufes durch den Ring abspielen, dann sind genauere Einblicke zu gewinnen.

Abb. 22 bringt in dem Zusammenhang ein solches von einer piezoelektrischen Meßeinrichtung mit einem technischen Schnellschreiber (Oszillomink) aufgezeichnetes Fadenzugoszillogramm, das aufgenommen wurde, nachdem die Spinnwerkzeuge gut ausgerichtet waren. Deutlich sind trotzdem Schwankungsspiele zu erkennen, die in Übereinstimmung mit dem Läuferumlauf stehen. Wenn diese beim Winden auf die Kegelspitze etwas größer werden als beim Winden auf die Kegelbasis, dann ist dies darauf zurückzuführen, daß hier die ausgleichende Wirkung eines großen, weit ausschwingenden Fadenballons fehlt.

Abb. 23 zeigt dazu das von einem normalen Tintenschreiber mit Drehspulsystem aufgetragene Diagramm vom gleichen Vorgang. Wegen der Trägheit der Meßeinrichtung ist dieses Gerät nicht in der Lage, kurzzeitig auftretende, sich mit dem Läuferumlauf wiederholende Fadenzugschwankungen zu erfassen. Es vermittelt aber ein genaues Bild über »mittlere« Fadenspannungen, denen hier mit der Hubbewegung der Ringbank übereinstimmende Perioden überlagert sind und gegebenenfalls auch über Veränderungen, die sich im Verlauf des Copaufbaues ergeben. Hierzu bleibt auf die vorbesprochenen Abb. 10 und 15 zu verweisen.

Bei einem weiteren Versuch wurden die Spindeln gegenüber dem Ring und die Fadenführungsöse gegenüber der Spindelachse verstellt. Ein anschließend aufgenommenes Fadenzugoszillogramm zeigte den aus Abb. 24 ersichtlichen Verlauf. Es ist deutlich zu erkennen, daß der mittleren Fadenspannung starke Schwankungsspiele überlagert sind, wobei Fadenzugspitzen auftreten, die den Faden gefährden. Insbesondere beim Ringspinnen ist bei einer solchen Betriebsweise mit einer Häufung von Fadenbrüchen zu rechnen. Auf jeden Fall bleibt zu erwarten, daß das Fadenmaterial erhöhte Beanspruchungen erfährt und daß sich diese auf die Kraft-Dehnungs-Eigenschaften des erzeugten Gespinstes oder Zwirnes entsprechend auswirken.

Wie Abb. 25 zeigt, kommt der weitgehend geänderte Fadenspannungsverlauf in dem von einem Tintenschreiber aufgeschriebenen Diagramm, das den Verlauf der »mittleren« Fadenspannungen aufzeigt, kaum zum Ausdruck. Die mittlere Fadenzugkraft liegt hier in praktisch gleicher Höhe wie bei dem Diagramm Abb. 23, das mit gut ausgerichteten Spinnwerkzeugen aufgenommen wurde. Die mit dem Ringbankhub übereinstimmenden Schwankungsspiele sind nur geringfügig größer geworden.

Nach diesen Beobachtungen wäre es naheliegend, mit Hilfe von Fadenspannungsmeßeinrichtungen, welche kurzzeitig und in rascher Folge auftretende Fadenzugschwankungen erkennen lassen, das Richten der Spindeln und der Fadenführungsöse vorzunehmen. Das Institut hat sich bereits bei früherer Gelegenheit mit solchen Fragen befaßt und ein nach dem piezoelektrischen Prinzip arbeitendes Meßgerät eingesetzt, welches die »Fadenunruhe« anzeigt.

Wenn bei praktisch gleichen mittleren Fadenspannungen im Spinn- und Aufwindefeld einer Ringzwirnmaschine dieser mittleren Fadenspannung überlagerte Fadenzugspitzen zu zusätzlichen Veränderungen der Kraft–Dehnungs-Eigenschaften führen, dann wird dies wieder bei der Überprüfung der Gespinste oder Zwirne entsprechend nachzuweisen sein.

Mit Abb. 26 werden KD-Linien gegenübergestellt, die bei den Zwirnversuchen mit gerichteten und mit gegeneinander verstellten Spinnwerkzeugen an den erzeugten Zwirnen aufgenommen worden sind. Zu verweisen bleibt hierzu auf die Fadenzugoszillogramme Abb. 22 und Abb. 24. Die überprüften Fadenstücke wurden jeweils dem vollen Cop und hier der Kegelspitze und der Kegelbasis entnommen. Weitere Einzelheiten sind den in den Diagrammen gemachten Eintragungen zu entnehmen. Wie zu erwarten war, haben die bei schlecht ausgerichteten Spinnwerkzeugen auftretenden Fadenzugspitzen zur Folge, daß sich die Dehnbarkeit vermindert und die KD-Linien einen steileren Verlauf aufweisen.

Mit Abb. 27 werden mit dem »Statimat« aufgenommene Strichdiagramme gezeigt. Aus diesen ist zu erkennen, daß die Garnfestigkeit durch die unterschiedlichen Vorgänge im Zwirn- und Aufwindefeld keine bemerkbaren Veränderungen erfahren hat. Dagegen geht aus den für die Reißdehnung aufgenommenen Werten hervor, daß das Dehnungsvermögen durch die Fadenzugspitzen erheblich vermindert wurde und nunmehr größere, mit der Hubverlegung übereinstimmende Schwankungsspiele aufweist.

Abb. 28 schließlich gilt für die mit dem »Dynagraph« an diesen Fadenmaterialien aufgenommenen Dehnkraftlinien. Hier ist festzustellen, daß bei einer Bezugsdehnung von 5% für das beim Zwirnen stärker beanspruchte Fadenmaterial wesentlich höhere Dehnkräfte zu verzeichnen sind. Auch daraus ist ersichtlich, daß nicht die mittleren Fadenspannungen, vielmehr vornehmlich die diesen überlagerten Fadenzugspitzen, das Fadenmaterial beanspruchen.

Beim Doppeldrahtzwirnen kann auf Grund des angewandten Verfahrens damit gerechnet werden, daß der Fadenverlauf sehr gleichmäßig ist und daß größere, den mittleren Fadenspannungen überlagerte Fadenzugspitzen nicht auftreten.

Abb. 29 bringt hierfür eine Bestätigung. Diese gilt für einen gleichen Baumwollzwirn, der einmal im Ringzwirnverfahren bei gut ausgerichteten Spinnwerkzeugen, ein anderes Mal im DD-Verfahren hergestellt worden ist. Entsprechend den sich während des Windens auf Kegelspitze und Kegelbasis beim Zwirnen ausbildenden unterschiedlich hohen mittleren Fadenspannungen zeigen sich bei der Dehnungsprüfung gleichartige Dehnkraftschwankungsspiele. Der im DD-Verfahren hergestellte Zwirn weist demgegenüber ein weitgehend gleichmäßiges Kraft–Dehnungs-Verhalten auf.

5.3 Ermittlung der Fadenbeanspruchung bei Spulmaschinen

Auch bei Spulvorgängen wird das Fadenmaterial bestimmten Zugkräften unterworfen. Deren Größe ist dabei von der Einstellung der in den Fadenlauf eingeordneten Fadenbremsen, von der Fadenreibung an Umlenkstellen und auch von den Zugkräften abhängig, mit denen sich der Faden vom vorgelegten Spulenkörper löst. Kommen, um die Fadenbeanspruchung während der Spulvorgänge zu studieren, einfache oder auch elektronisch arbeitende Fadenspannungsmeßgeräte zum Einsatz, dann wird es sich in erster Linie darum handeln, die Wirkung verwendeter Fadenbremsen bzw. deren Einstellung zu studieren. Dabei ist in Kauf zu nehmen, daß die Messung nicht am Aufwindepunkt erfolgen kann, die Meßanordnung vielmehr vorher an einer Stelle in den Fadenlauf eingeordnet werden muß, wo noch nicht die maximal auf den Faden einwirkenden Beanspruchungen auftreten.

Auch hier bietet sich also die Möglichkeit an, über die Kraft–Dehnungs-Eigenschaften eines Fadens, dessen Charakteristik bekannt ist, Aufschlüsse über die den Faden beanspruchenden Zugkräfte zu gewinnen. In diesem Zusammenhang werden mit Abb. 30 KD-Linien von einem vorher entsprechend präparierten Testfaden gezeigt, der auf einer Kreuzspulmaschine in Kreuzspulform überführt wurde. Deutlich ist zu erkennen, daß die auftretenden Zugbeanspruchungen das Dehnungsvermögen vermindern und die KD-Linien des umgespulten Materials einen anderen Verlauf zeigen als die des Ausgangsmaterials.

Anschaulicher als KD-Diagramme geben Dehnkraftprüfungen am laufenden Faden Aufschlüsse über die veränderten Materialeigenschaften. Sie lassen zusätzlich erkennen, wieweit unterschiedlich hohe Fadenbeanspruchungen aufgetreten sind bzw. mit welchem Verlauf der Fadenspannung bei solchen Spulvorgängen zu rechnen ist (vgl. Abb. 31).

Bei gleichartigen Untersuchungen an Schußspulmaschinen wurden die mit den Abb. 32 und 33 wiedergegebenen Diagramme aufgenommen. Sie zeigen wieder, wie die bei Spulvorgängen veränderten Kraft–Dehnungs-Eigenschaften durch KD-Linien und durch Dehnkraftprüfungen am laufenden Faden darzustellen sind.

5.4 Testfaden-Meßtechnik

Vorstehend wurde gezeigt, wie sich die Auswirkungen während der Verarbeitungsprozesse auftretender Fadenspannungen auf die Kraft–Dehnungs-Eigenschaften ermitteln lassen. Es wird auf diese Weise möglich sein, zu erkennen, ob ein bestimmtes Fadenmaterial Veränderungen erfahren hat, die bei der Weiterverarbeitung zu Schwierigkeiten führen können. Dabei gilt, daß es weniger von Bedeutung ist, wenn sich gleichmäßig, das heißt für alle Garnkörper einer Partie die Bruchdehnung gegenüber dem Ausgangsmaterial vermindert bzw. das Kraft–Dehnungs-Verhalten allgemein eine gewisse Veränderung aufweist. Nachteilig wird es dagegen sein, wenn auf ein für die Weiterverarbeitung in der Weberei, Strickerei und Wirkerei bestimmtes Fadenmaterial ungleich hohe Fadenzugkräfte eingewirkt haben. Es ist dann damit zu rechnen, daß dieses in ein Flächengebilde eingebracht, unterschiedlichen Relaxations- und Krumpfvorgängen unterworfen ist, was zu Verwerfungen der Ware bzw. zur Spannfadenbildung und Störungen des Warenbildes Anlaß gibt.

Sind die charakteristischen Kraft–Dehnungs-Eigenschaften eines Fadenmaterials genau bekannt, dann wird es andererseits aber auch möglich sein, aus der Größe festgestellter Veränderungen auf die Höhe der im Verlauf der Verarbeitung aufgetretenen Zugkräfte zu schließen.

Für ein solches Verfahren werden besondere, für die Materialeigenschaften maßgebliche Kennzahlen bzw. Kennlinien erforderlich. Diese sind zu finden, wenn ein in Stufen vorbelasteter Faden erneut auf einer Dehnungsprüfmaschine und hierbei mit konstanter Dehnung überprüft wird. Entsprechend den Vorbelastungen werden sich dann unterschiedlich hohe Dehnkräfte ausbilden, die erkennen lassen, wieweit Veränderungen der Kraft-Dehnungs-Eigenschaften eingetreten sind. Das Verfahren läßt sich in einfacher Weise durchführen, wenn eine Universal-Garnprüfmaschine vom Typ Freha II oder III mit Vorlaufgerät, elektrischer Kraftmeßeinrichtung und Aufwindevorrichtung für die Materialvorbereitung zur Verfügung steht. An Stelle einer Haspel mit Armen wird zweckmäßig eine zylindrische Aufwindetrommel vorgesehen, die von einem Windemotor aus angetrieben wird. Die Drehmomente dieses Windemotors müssen dabei veränderlich und auf einen Wert einstellbar sein, der für das vorbeanspruchte Material eine gewünschte konstant bleibende Aufwindespannung vermittelt.

Das Ziehkeilgetriebe der Prüfmaschine gibt hierbei in einfacher Weise die Möglichkeit, verschiedene Dehnungsstufen einzustellen. Wird bei solchen Untersuchungen mit relativ kleinen Prüfgeschwindigkeiten (10 m/min) gearbeitet, dann kann das Verstellen des Getriebes bei laufender Maschine vorgenommen werden.

Wie schon gezeigt (vgl. Abb. 1 und 7), erfährt Baumwolle bereits bei relativ geringen Zugbeanspruchungen gut nachweisbare Veränderungen seiner Kraft-Dehnungs-Eigenschaften. Abb. 34 bringt das Ergebnis einer Dehnungs-Rücklaufprüfung an einem ausgekrumpften Baumwollgespinst Nm 57. Dem stufenweisen Kraftanstieg bei einer Prüfung mit steigenden Dehnungsstufen entsprechend, zeigen sich bei der erneuten Prüfung Veränderungen der Dehnkräfte, die erforderlich sind, um die hierbei eingestellte Fadendehnung in Höhe von 4% zu bewirken.

Die Prüfgeschwindigkeit betrug im vorliegenden Falle für die Vorlauf- und die Rücklaufprüfung 5 m/min. Das Vorlaufgerät vermittelt dem der Prüfstrecke zulaufenden Faden eine Vorspannung von 5 p. Der für den Antrieb der Aluminiumhülse zum Aufwinden des geprüften bzw. vorbelasteten Fadens verwendete Windemotor wurde auf eine Aufwindespannung in Höhe von 10 p eingestellt. Bei der Rücklaufprüfung ist der Faden von der Aluminiumhülse über Kopf abgezogen und wieder mit einer durch das Vorlaufgerät vermittelten Vorspannung in Höhe von 5 p der Prüfstrecke zugeführt worden.

Abb. 35 zeigt die Auswertung einer solchen Prüfung. Wird ein Faden, dessen Verhalten gegenüber den auf ihn ausgeübten Zugkräften bekannt ist, als Testmaterial benutzt, dann kann aus dem Ergebnis einer solchen Dehnkraftprüfung auf die während irgendwelcher Verarbeitungsprozesse wirksamen Fadenspannungen geschlossen werden. Aus der am laufenden Prüfgut aufgenommenen Kraft-Längenänderungs-Kurve geht hervor, daß das Ausgangsmaterial eine Kraft von 30 p benötigt, um eine Dehnung in Höhe von 3% zu erfahren. Ergeben sich bei einem vorbeanspruchten Fadenmaterial andere Kraftwerte, dann läßt sich aus den Kennlinien bestimmen, wieviel Prozent das Material vorgedehnt wurde bzw. welche Fadenspannungen dabei aufgetreten sind. Unter Zugrundelegung des vorgenannten Beispiels hat zu gelten, daß, sofern bei der Rücklaufprüfung mit 4% Getriebeverzug eine mittlere Dehnkraft von 90 p ermittelt wird, eine Vordehnung mit 3% erfolgt bzw. eine Zugkraft in Höhe von 30 p aufgetreten ist. Auf die gleiche Weise können auch zu anderen Dehnkraftwerten gehörende Vordehnungen bzw. Vorbelastungen ermittelt werden.

Im allgemeinen wird es möglich sein, mit den aus einer Rücklaufprüfung gewonnenen Kennwerten auszukommen. Grundsätzlich kann natürlich auch die Auswirkung stufenweise veränderter Vordehnungen bzw. Vorbelastungen mit Rücklaufkurven dargestellt werden, die für verschieden hohe Getriebeverzüge gelten. In Abb. 35 sind deshalb auch Kennlinien eingetragen, die an entsprechend stufenweise vorbelastetem Material bei Dehnungsstufen von 1, 2 und 3% gefunden wurden.

Um anschaulich und unter praxisnahen Verhältnissen aufzuzeigen, wie bei einem solchen Verfahren zur indirekten Bestimmung wirksamer Fadenzugkräfte vorzugehen ist, kam der nachfolgend beschriebene Versuch zur Durchführung:

Ein mittels des Abzugswalzenpaares einer Frenzel–Hahn-Garnprüfmaschine mit einer konstanten Geschwindigkeit von 5 m/min angelieferter Faden wurde anschließend mit unterschiedlich hohen Zugkräften auf eine Aluminiumtrommel aufgewunden. Deren Antrieb erfolgte mittels einer elektromotorischen Fadenwinde (Elfawinde), wobei durch entsprechende Einstellung des Reglers Fadenspannungen von 20 und 60 p zur Anwendung kamen. Dieser Faden ist dann anschließend einer normalen Dehnungsprüfung unterzogen worden, wobei ein Getriebeverzug von 3% eingestellt war.

Nach Abb. 36 ergaben sich hierbei mittlere Dehnkräfte von 50 p und 80 p. Über die Rücklauflinien des Diagramms Abb. 35 kann hiernach festgestellt werden, daß die Fadenspannungen, welche bei dem Vorversuch mit der Elfawinde die Kraft–Dehnungs-Eigenschaften veränderten, bei 20 p und 60 p gelegen haben.

In gleicher Weise, wie das die Abb. 35 für ein Baumwollgespinst zeigt, können solche Kennlinien natürlich auch für andere Fadenmaterialien gewonnen werden. Abb. 37 gilt für Reyon Td 100/40. Hier wurde wieder der Getriebeverzug bei der Vorbeanspruchung des Fadenmaterials in Stufen bis in die Nähe der Bruchdehnung gesteigert. Für die Rücklaufprüfung kam eine Dehnungseinstellung von 5% zur Anwendung.

Um die Aussagekraft eines solchen Meßverfahrens zu erläutern, bringt in diesem Zusammenhang Abb. 38 zunächst Fadenzugoszillogramme, die mit Hilfe der in Abschnitt 4.4 erwähnten piezo-elektrischen Kraftmeßeinrichtung aufgenommen worden sind. Durch unterschiedliche Einstellung der in den Fadenlauf eingeordneten Fadenbremse wurden dabei Aufwindespannungen von im Mittel 13 p und 65 p erzielt. Die Oszillogramme lassen erkennen, daß den mittleren Fadenspannungen stärkere Schwankungsspiele überlagert sind. Deren Größe erreicht dabei Werte bis zu 80 p. Nach dem Vorgesagten hat zu gelten, daß für die Fadenbeanspruchung nicht die mittlere Fadenspannung, vielmehr Fadenspannungsspitzen ausschlaggebend sind.

Abb. 39 zeigt ein anschließend an den Spulvorgang an verarbeitetem Reyon aufgenommenes Dehnkraftdiagramm. Dieses weist mittlere Dehnkräfte in einer Höhe von 75 und 90 p auf. Wird von diesen Zahlenwerten ausgehend über die mit Abb. 37 für den Reyonfaden bei einer Dehnungsstufe von 5% geltende Kennlinie die vermutliche Vorbelastung festgestellt, dann ergeben sich hierfür Werte von rd. 10 p und 75 p. Diese stehen in guter Übereinstimmung mit den Ergebnissen der vorher durchgeführten Fadenspannungsmessungen.

6. Zusammenfassung

Bei der Herstellung und Verarbeitung von Endlosfäden, Gespinsten und Zwirnen treten in axialer Richtung wirkende Zugbeanspruchungen auf. Erreichen diese in Höhe der Materialfestigkeit liegende Werte, dann besteht die Gefahr, daß es zu Fadenbrüchen kommt. Insbesondere sind dabei natürlich solche Fadenstücke gefährdet, die gegenüber dem Sollwert einen geringeren Querschnitt und damit eine geringere Festigkeit aufweisen.

Werden Fäden bei irgendeinem Arbeits- oder Prüfvorgang zwischen zwei mit unterschiedlicher Umfangsgeschwindigkeit umlaufenden Walzenpaaren gedehnt, dann ist nicht unbedingt ein Fadenstück geringer Reißfestigkeit überbeansprucht, so daß Fadenbruch eintritt. Vielmehr wird ein Fadenstück, das eine geringe Dehnbarkeit aufweist, gefährdet sein, weil sich unter der Wirkung der ausgeübten Dehnung hohe Dehnkräfte ausbilden.

Zugkräfte haben abhängig von ihrer Höhe und abhängig von der Art des Fadenmaterials vielfach bleibende (plastische) Verformungen zur Folge. Eine bei einer solchen Beanspruchung ausgeübte Längenänderung wird also bei nachfolgender Entlastung nicht momentan, unter Umständen auch nicht bei längerer Lagerung im spannungslosen Zustand, wieder aufgeholt. Hierdurch können Schwierigkeiten bei der Verarbeitung verursacht werden, vor allem dann, wenn bedingt durch solche Vorgänge, die verschiedenen gemeinsam zu einem Flächengebilde verarbeiteten Fäden, oder auch ein Faden über seine Länge verteilt, unterschiedliche Kraft-Dehnungs-Eigenschaften aufweisen.

Über die während der Verarbeitung auftretenden Zugkräfte geben Fadenspannungsmessungen Auskunft, die mit einfachen Handmeßuhren oder auch mit elektronischen Fadenspannungsmeßeinrichtungen durchgeführt werden. Hierbei gilt, daß es oft nicht möglich ist, die Meßeinrichtung dort in den Fadenlauf einzuordnen, wo die höchsten Zugbeanspruchungen auftreten. Auch ist damit zu rechnen, daß von einfachen Meßgeräten angezeigten »mittleren« Fadenspannungen Fadenzugstöße überlagert sind. Diese jedoch werden maßgebend für die auf ein Fadenmaterial während der Verarbeitung ausgeübten Beanspruchungen sein. Um sie zu ermitteln, sind relativ aufwendige Apparaturen erforderlich, und es ist im allgemeinen kaum möglich, bei der Klärung vorliegender Probleme auf diesem Wege zu verläßlichen Ergebnissen zu kommen.

Vielfach wird bei der Beurteilung von Fadenbeanspruchungen nicht die Höhe von auftretenden Fadenspannungen und Fadenzugspitzen, vielmehr die Klärung der Frage von Bedeutung sein, ob hierdurch die Kraft-Dehnungs-Eigenschaften beeinflußt werden bzw. wesentliche und für die Weiterverarbeitung störende Veränderungen erfahren. Dem vorliegenden Bericht bzw. den in dem Zusammenhang durchgeführten meßtechnischen Untersuchungen war deshalb die Aufgabe gestellt, an Hand der Ergebnisse von Zugkraft- und Dehnkraftprüfungen aufzuzeigen, wie sich verschiedene Fadenmaterialien gegenüber den auf sie einwirkenden Zugkräften bestimmter Größe verhalten.

Da die während der Verarbeitung in Form von Fadenspannungen ausgeübten Zugkräfte meist weit unterhalb der Reißkraft liegen, kommt dem Verhalten des Fadenmaterials bei kleinen Zugbeanspruchungen eine besondere Bedeutung zu. Bei der Ermittlung von Kennzahlen wird es deshalb vielfach geraten sein, nicht Zahlenwerte für Bruchkraft und Bruchdehnung, sondern die Größe von Zugkräften festzustellen, die bestimmten Dehnungswerten zuzuordnen sind. Anschaulich wird das Kraft-Dehnungs-Verhalten durch Kraft-Längenänderungs-Kurven (KD-Linien) dargestellt.

Bei Fäden lassen sich in relativ einfacher Weise bestimmten Bezugsdehnungen zuzuordnende Belastungskräfte ermitteln, wenn Dehnungsprüfmaschinen Verwendung finden, bei denen der Faden zwischen zwei mit unterschiedlicher Geschwindigkeit umlaufenden Walzenpaaren gedehnt wird. Die Größe der in der Prüfstrecke, das heißt zwischen Einzugs- und Abzugswalze, wirksamen Zugkräfte wird dabei mit elektronischen Kraftmeßeinrichtungen ermittelt, die sich zur Aufzeichnung der Meßwerte eines Tintenschreibers bedienen.

Es wird gezeigt, wie es mit Hilfe solcher Prüfeinrichtungen zur Bestimmung der

Kraft–Dehnungs-Eigenschaften auf indirektem Wege möglich ist, die Auswirkungen irgendwelcher während der Verarbeitung in Spinnerei, Zwirnerei und Webereivorbereitung auf das Fadenmaterial ausgeübten Zugbeanspruchungen festzustellen und daraus zu erkennen, ob diese unzulässige Werte erreichen, das Material gefährden bzw. zur Folge haben, daß sich für dessen Weiterverarbeitung Schwierigkeiten ergeben. Auch können mit Hilfe eines solchen Prüfverfahrens Studien darüber angestellt werden, wieweit Verstellungen an Arbeitsmaschinen, die Anwendung und Einstellung von Fadenbremsen unterschiedlicher Konstruktion und andere der Fadenführung dienende Organe auf die Fadenbeanspruchung bzw. die Fadenspannung Einfluß nehmen.

Als besonders geeignet für solche auf indirektem Wege durchzuführende Beobachtungen haben sich Baumwollfäden erwiesen. Hier ist es möglich, durch Benetzen und spannungsloses Trocknen ein Testfadenmaterial zu schaffen, das mit seinen Dehnungseigenschaften sehr empfindlich auf ausgeübte Zugkräfte reagiert, auch dann, wenn diese gegenüber der Garnfestigkeit nur geringe Werte erreichen.

Gezeigt wird, wie Kennwerte für solche Testfadenmaterialien zu finden sind, die es möglich machen, bei Dehnkraftprüfungen am laufenden Faden zu ermitteln, ob und gegebenenfalls welche durch die Arbeitsweise der Maschine oder durch irgendwelche Unzulänglichkeiten des Arbeitsvorganges bedingte zeitliche Veränderungen der Fadenspannungen verursacht wurden. Zusätzlich lassen sich auf diesem Wege auch noch Aussagen darüber gewinnen, welche Größenordnungen die Fadenspannungen erreichen, wie hoch also der Faden hinsichtlich seiner Festigkeit beansprucht wird.

7. Literaturverzeichnis

FRENZEL, W., Die Prüfung am laufenden Faden mit der Universal-Garn-Prüfmaschine, System Dr. Frenzel–Hahn. Mschr. f. Textilind. **48** (1933), H. 3, S. 60.

FRENZEL, W., Der Einfluß der Spinnspannungen auf die Eigenschaften des Garns. Spinner u. Weber **52** (1934), H. 20, S. 1.

WAGNER, E., Die Prüfung der Gleichmäßigkeit am laufenden Faden und ihre Anwendung in der Kunstseidenindustrie. Deutsche Textil-Wirtschaft **3** (1936), H. 19/20.

WAGNER, E., Nachweis von Garnfehlern mit der Universal-Garn-Prüfmaschine Dr. Frenzel–Hahn. Klepzigs Textil-Zeitschr. **38** (1936), S. 607.

FRENZEL, W., Die Prüfung am laufenden Faden. Melliand Textilberichte **19** (1938), S. 233.

STEIN, H., Dehnungsprüfungen am laufenden Faden. Technischer Bericht der AEG, Nr. 010-23 (1942).

BOBETH, W., Untersuchungen über die Elastizitätsprüfung am laufenden Faden. Allg. Textilzeitschr. **1** (1943), S. 232 und 265.

HEIMERAN, O., Über die Dehnungsänderung von Zellwoll- und Baumwollfäden in der Weberei. Melliand Textilberichte **28** (1947), S. 81 und 119.

STEIN, H., Dehnungsprüfungen am laufenden Faden. »Die Frenzel–Hahn-Garnprüfmaschine mit elektrischer Meßeinrichtung.« Textil-Praxis **2** (1947), S. 257.

»Die Bestimmungen der Garneigenschaften und Bestimmungen der Dehnungseigenschaften durch Rücklaufversuche«. Textil-Praxis **3** (1948), S. 165 und 200.

»Praktische Betriebskontrolle und Fehlerermittlung an Spinnerei- und Webereivorbereitungs-Maschinen«. Textil-Praxis **4** (1949), S. 487 und 550.

FRENZEL, W., Die bei der Garnverarbeitung auftretenden Fadenbeanspruchungen und ihre Ermittlung. Faserforschung und Textiltechnik **1** (1950), S. 36.

WAGNER, E., Gleichmäßigkeit von Garnen. Textil-Praxis **5** (1950), S. 294, 351 und 413.

BOBETH, W., Die Universal-Garnprüfmaschine Dr. Frenzel–Hahn. Verwendungsmöglichkeit, Elastizitätsprüfung, Erfahrung aus der Praxis. Melliand Textilberichte **32** (1951), S. 271.

BOBETH, W., Gleichmäßigkeitsprüfungen am laufenden Faden. Textil- und Faserstofftechnik **2** (1952), S. 109.

FRENZEL, W., Untersuchung an garnverarbeitenden Maschinen. Abh. d. Sächs. Akademie d. Wissenschaften zu Leipzig, Bd. 44, H. 5, Akademie-Verlag Berlin (1954).

STEIN, H., Veränderung der Dehnungseigenschaften durch auftretende Fadenspannungen. Textil-Praxis **9** (1954), S. 131.

FRENZEL, W., und H. HESSE, Verfahren zur Untersuchung von garnverarbeitenden Maschinen. Faserforschung u. Textiltechnik **6** (1955), S. 189.

MARTIN, H., Die Prüfung von Garnen und Zwirnen am laufenden Faden auf Gleichmäßigkeit der zur Dehnung benötigten Kraft. Diss., TH Dresden 1956.

MARTIN, H., Neue Gesichtspunkte zur Garngleichmäßigkeitsprüfung nach dem Prinzip der Universal-Garnprüfmaschine Dr. Frenzel–Hahn. Faserforschung u. Textiltechnik **7** (1956), S. 447.

STEIN, H., Testfadenmeßtechnik. Melliand Textilberichte **38** (1957), S. 970 und 1128.

STEIN, H., Zugprüfungen an Textilien mit einer weglosen elektronischen Kraftmeßeinrichtung. Forschungsber. d. Wirtschafts- und Verkehrsministeriums NRW Nr. 700 (1958), Westdeutscher Verlag, Köln und Opladen.

STEIN, H., Auswirkung von Zugspannungen (Fadenspannungen) auf Festigkeit und Dehnungseigenschaften von Garnen und auf deren Verhalten bei der Weiterverarbeitung. Zeitschrift f. d. ges. Texitlind. **61** (1959), S. 850 und 972.

STEIN, H., und G. HOISCHEN, Ermittlung der Vorgänge beim Benetzen und Trocknen von Fäden unter besonderer Berücksichtigung der Arbeitsweise von Schlichtmaschinen. Forschungsbericht des Landes Nordrhein-Westfalen Nr. 917 (1960), Westdeutscher Verlag, Köln und Opladen.

STEIN, H., Die Auswirkung der Arbeitsvorgänge beim Schlichten auf die Kraft–Dehnungs-Eigenschaften des Fadenmaterials. Zeitschr. f. d. ges. Textilind. **63** (1961), S. 1036.

STEIN, H., Ermittlung der Kraft-Dehnungs-Eigenschaften von Fasern und Fäden. Verfahren und Prüfgeräte für Prüf- und Kontrollzwecke. Spinner, Weber, Textilveredlung **80** (1962), 2. 506.

STEIN, H., Dehnkraft-Prüfungen am laufenden Faden. Chemiefasern **16** (1966), S. 194.

STEIN, H., und S. HOBE, Meßtechnische Untersuchungen über die Eignung eines neuen Schnellverfahrens zur Ermittlung der Reißkraft von fortlaufend bewegten Fäden bzw. Gespinsten und Zwirnen. Forschungsbericht des Landes NRW Nr. 1723 (1966), Westdeutscher Verlag, Köln und Opladen.

8. Abbildungen

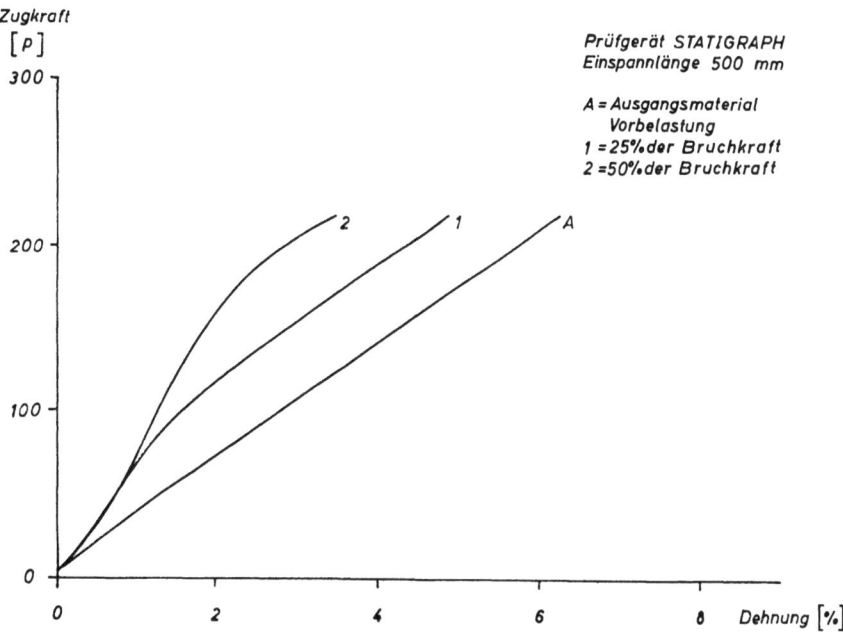

Abb. 1 Veränderung der Kraft–Dehnungs-Eigenschaften eines Baumwollgespinstes Nm 57 durch Vorbelastung

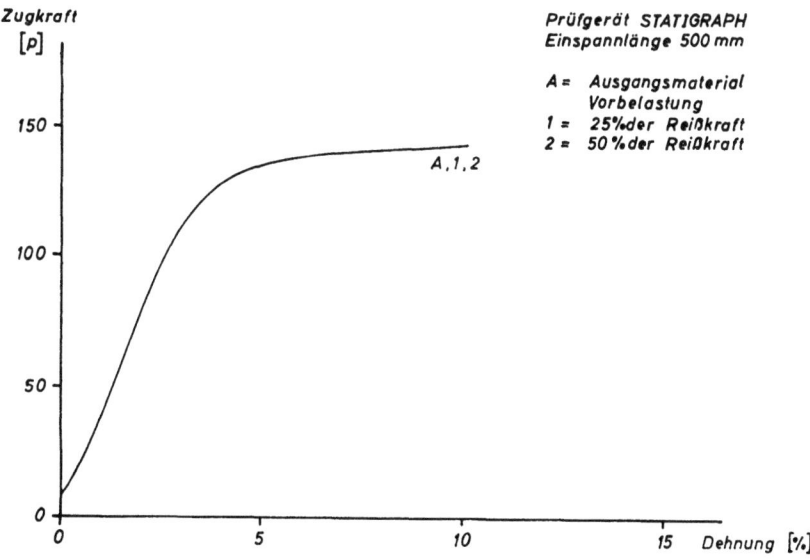

Abb. 2 Veränderung der Kraft–Dehnungs-Eigenschaften eines Wollgespinstes Nm 34 durch Vorbelastung

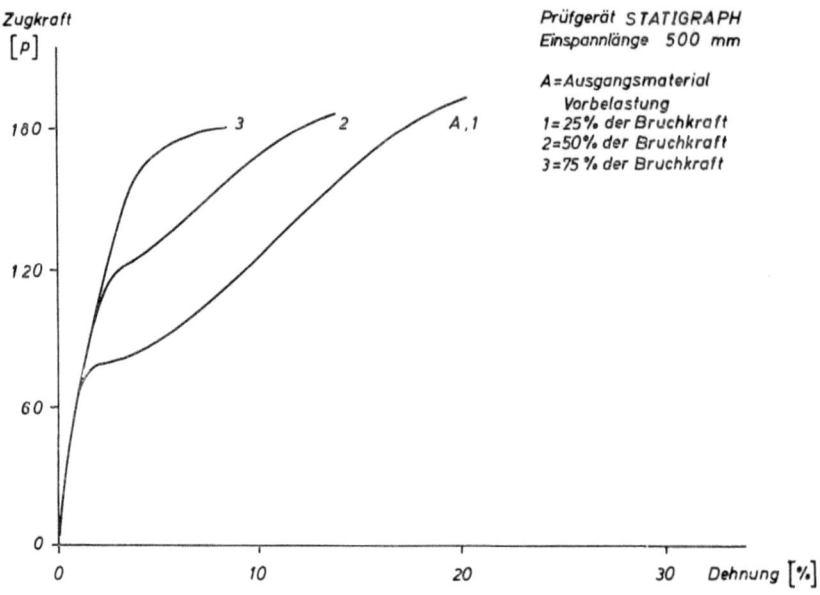

Abb. 3   Veränderung der Kraft-Dehnungs-Eigenschaften von Reyon Td 100/40 durch Vorbelastung

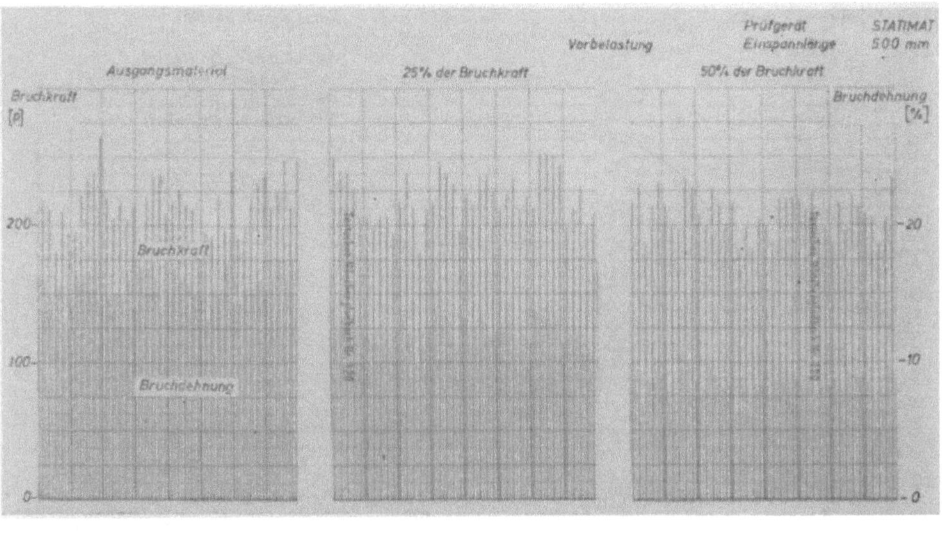

Abb. 4   Bruchkraft und Bruchdehnung eines Baumwollgespinstes Nm 57 in Abhängigkeit von der Vorbelastung

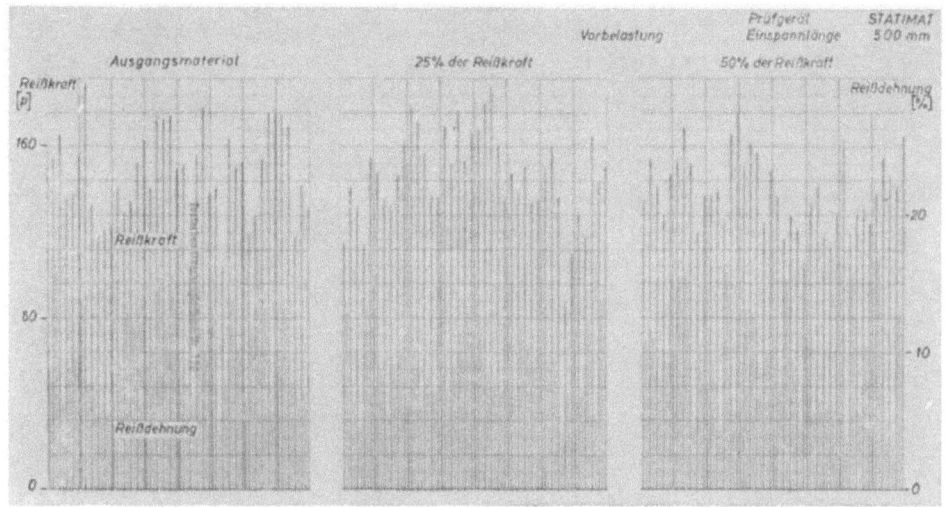

Abb. 5 Bruchkraft und Bruchdehnung eines Wollgespinstes Nm 34
in Abhängigkeit von der Vorbelastung

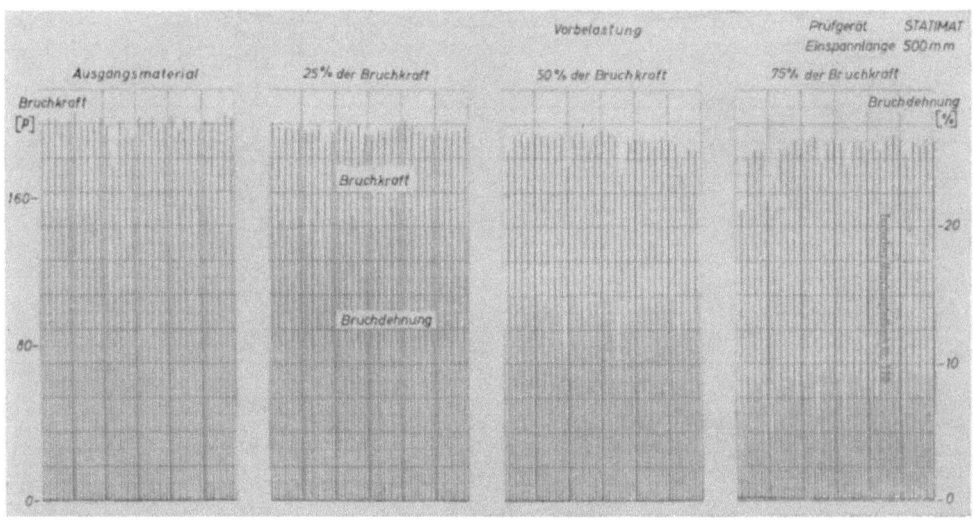

Abb. 6 Bruchkraft und Bruchdehnung von Reyon Td 100/40
in Abhängigkeit von der Vorbelastung

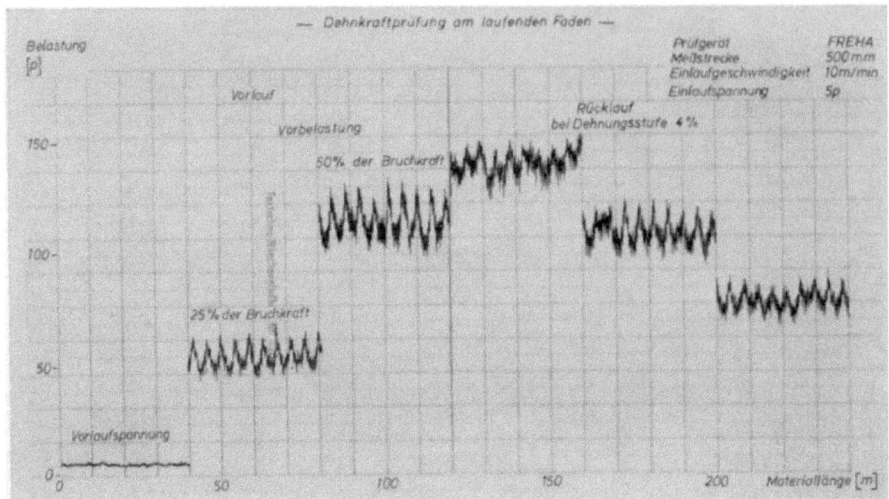

Abb. 7 Einfluß der Vorbelastung
auf die Dehnungseigenschaften eines Baumwollgespinstes Nm 57

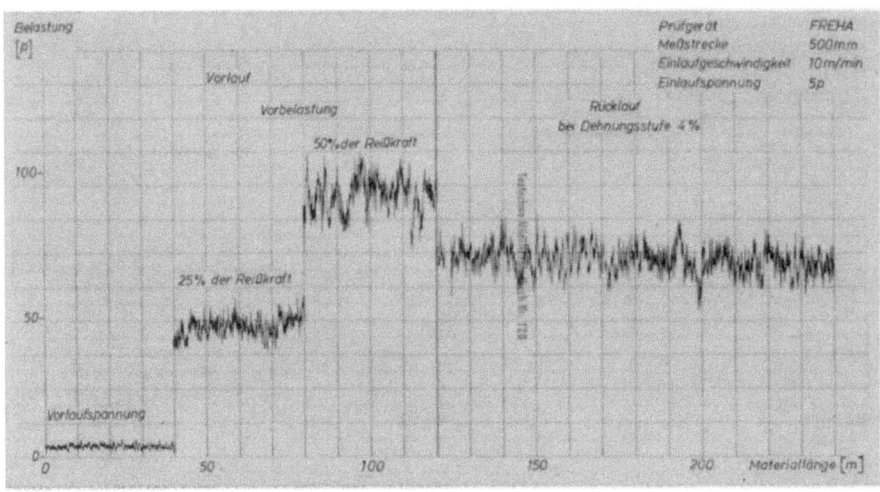

Abb. 8 Einfluß der Vorbelastung
auf die Dehnungseigenschaften eines Wollgespinstes Nm 34

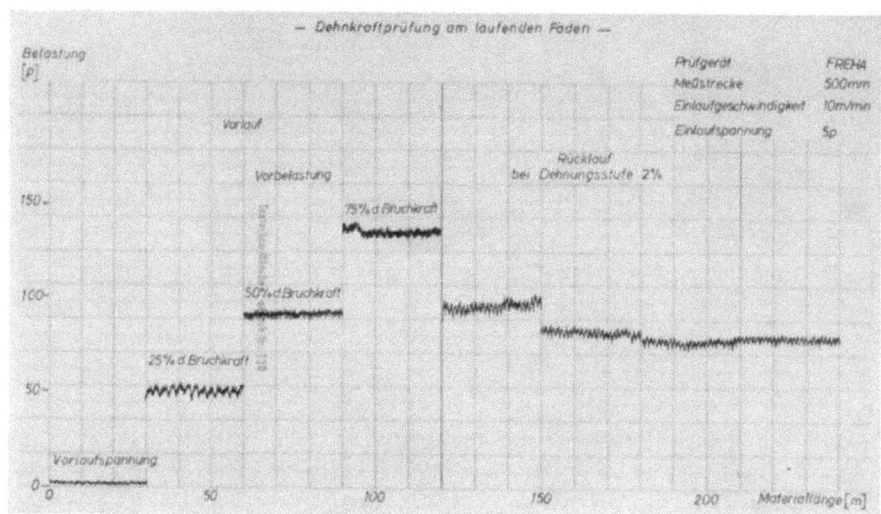

Abb. 9 Einfluß der Vorbelastung
auf die Dehnungseigenschaften von Reyon Td 100/40

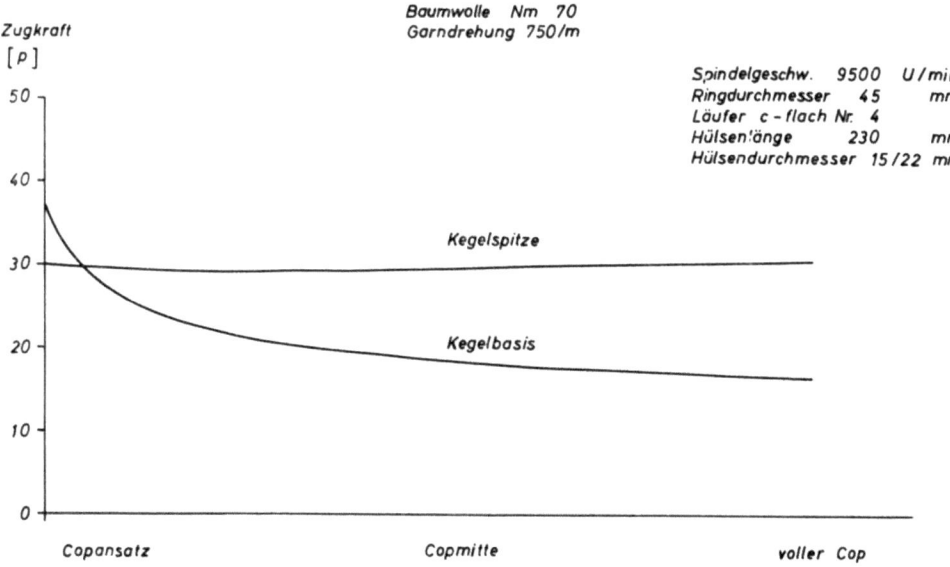

Abb. 10 Mittlere Spinnspannungen während des Copaufbaues

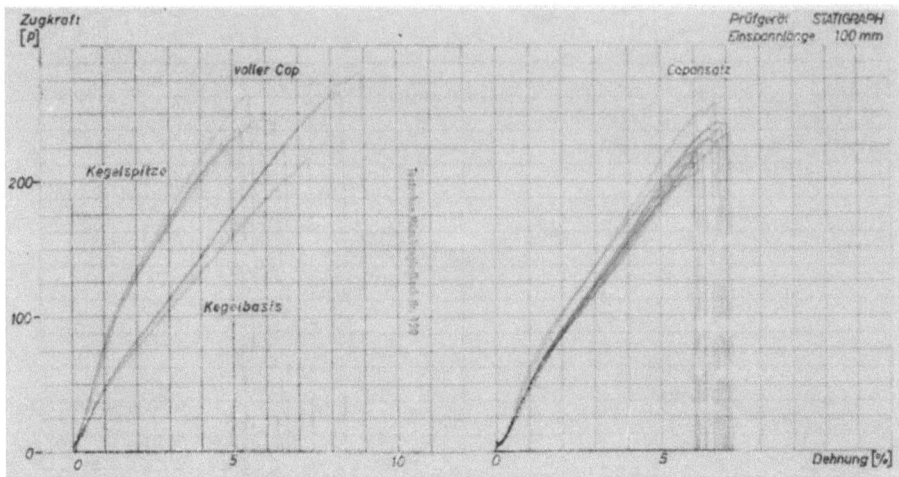

Abb. 11　Kraft–Dehnungs-Eigenschaften eines Baumwollgespinstes Nm 57
　　　　　Einfluß der Copfüllung und des Windedurchmessers

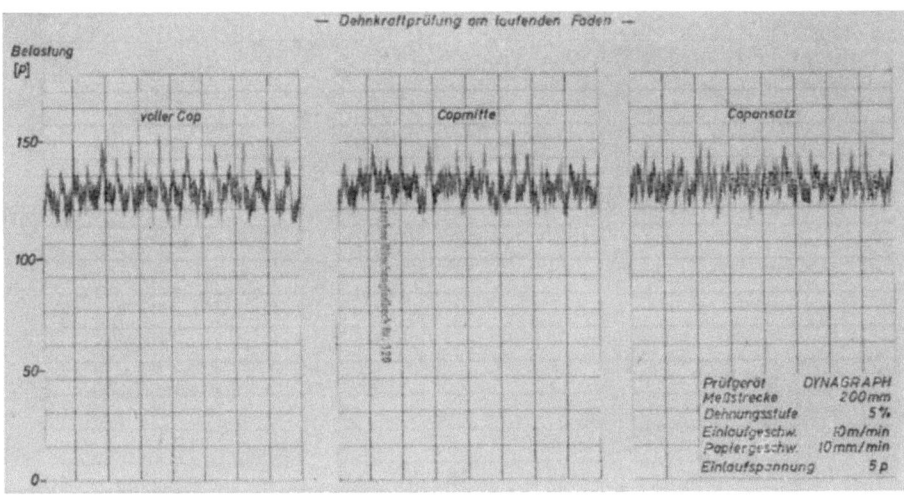

Abb. 12　Dehnungseigenschaften eines gekrumpften Baumwollgespinstes Nm 57
　　　　　Einfluß der Copfüllung

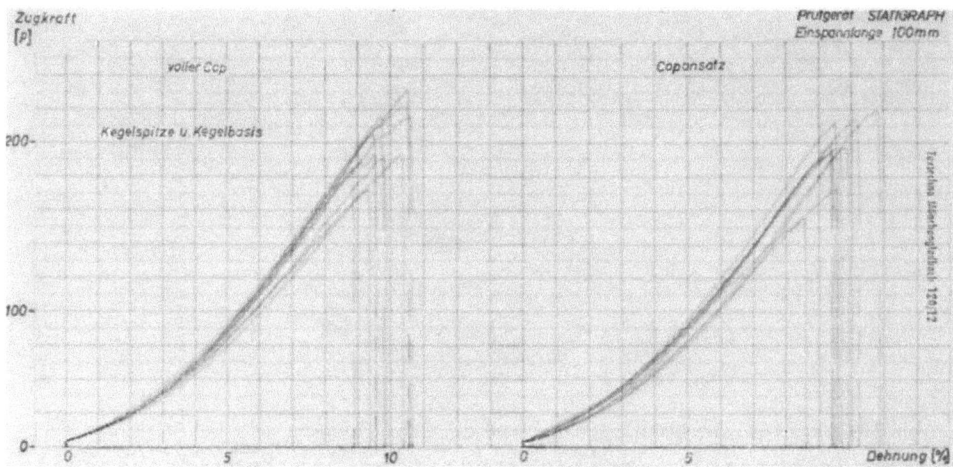

Abb. 13 Kraft–Dehnungs-Eigenschaften eines gekrumpften Baumwollgespinstes Nm 57
Einfluß der Copfüllung und des Windedurchmessers

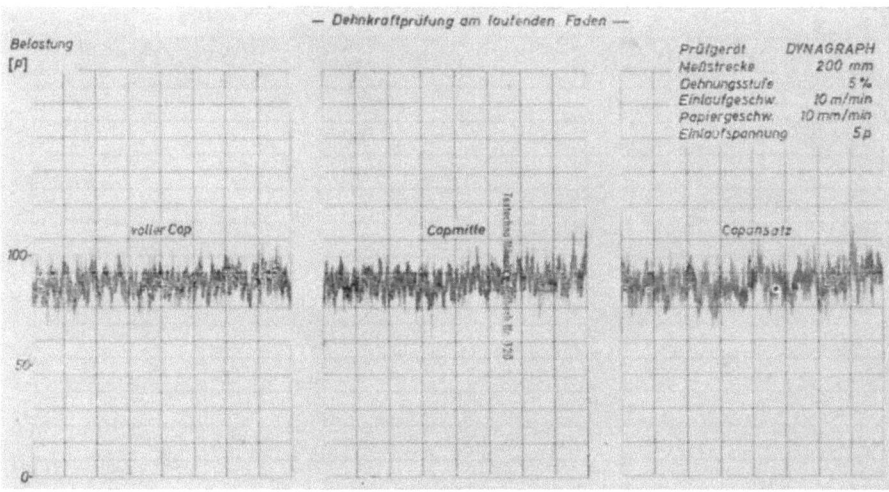

Abb. 14 Dehnungseigenschaften eines gekrumpften Baumwollgespinstes Nm 57
Einfluß der Copfüllung

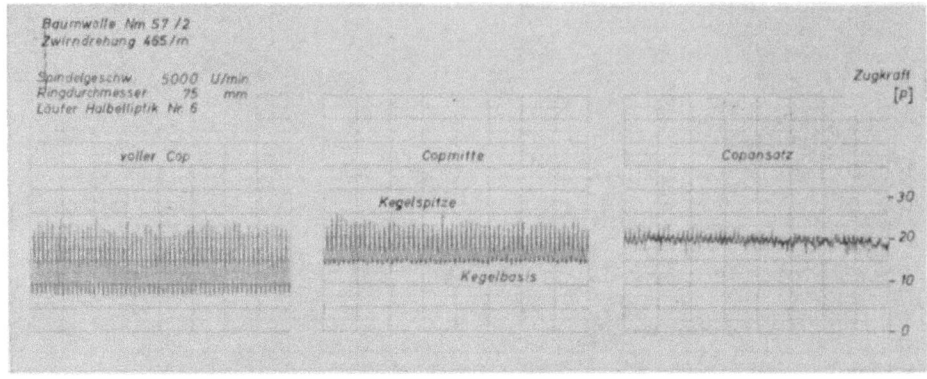

Abb. 15 Mittlere Zwirnspannungen während des Copaufbaues

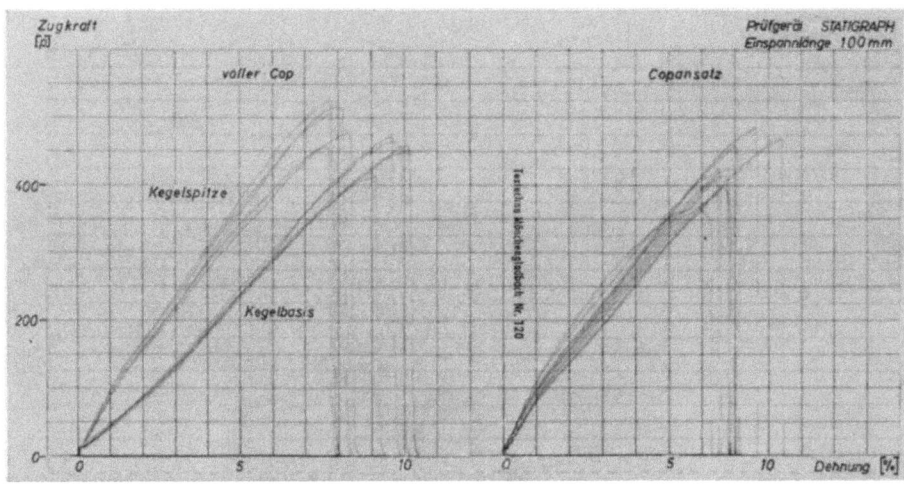

Abb. 16 Kraft–Dehnungs-Eigenschaften eines Baumwollzwirns Nm 57/2
Einfluß der Copfüllung und des Windedurchmessers

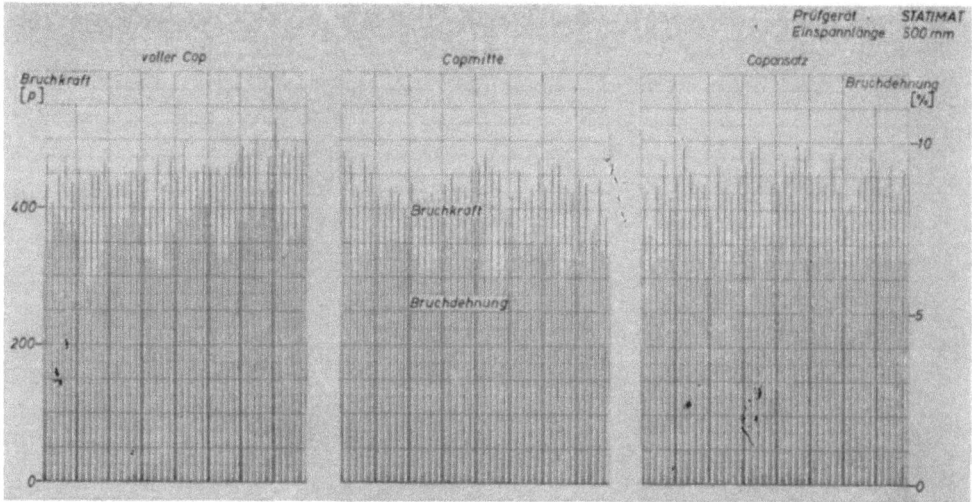

Abb. 17 Bruchkraft und Bruchdehnung eines Baumwollzwirns Nm 57/2
Einfluß der Copfüllung

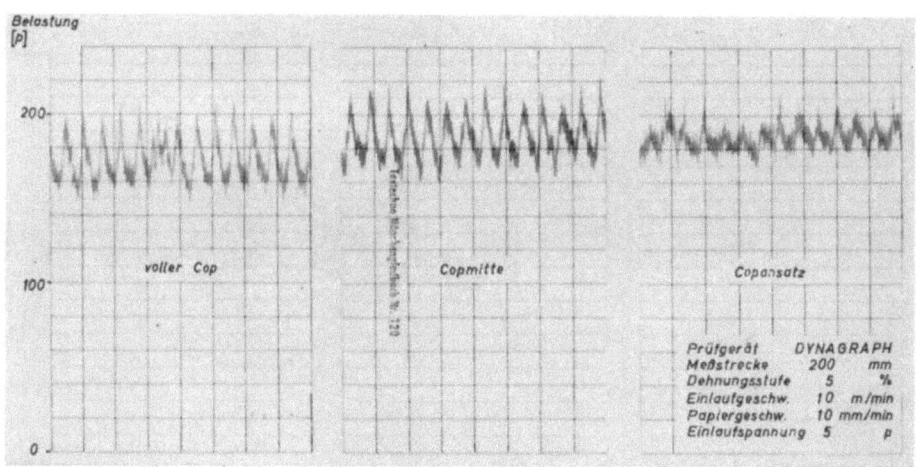

Abb. 18 Dehnungseigenschaften eines Baumwollzwirns Nm 57/2
Einfluß der Copfüllung

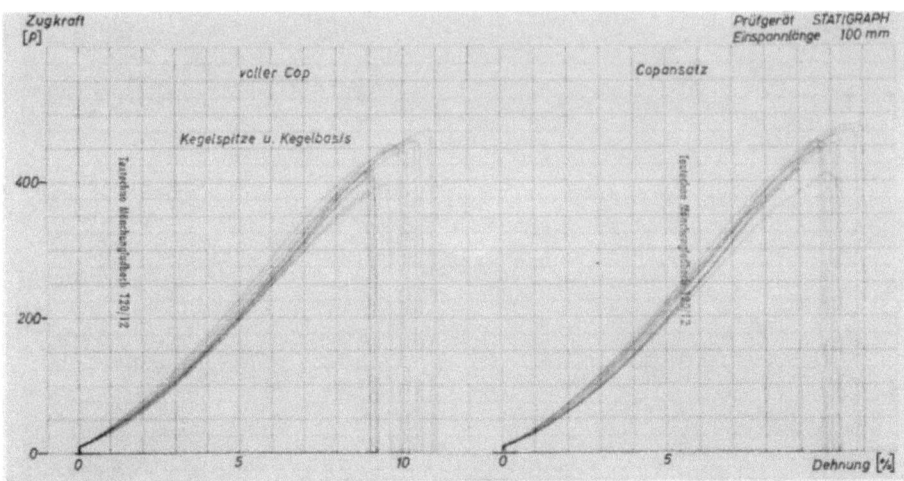

Abb. 19 Kraft–Dehnungs-Eigenschaften eines gekrumpften Baumwollzwirns Nm 57/2
Einfluß der Copfüllung und des Windedurchmessers

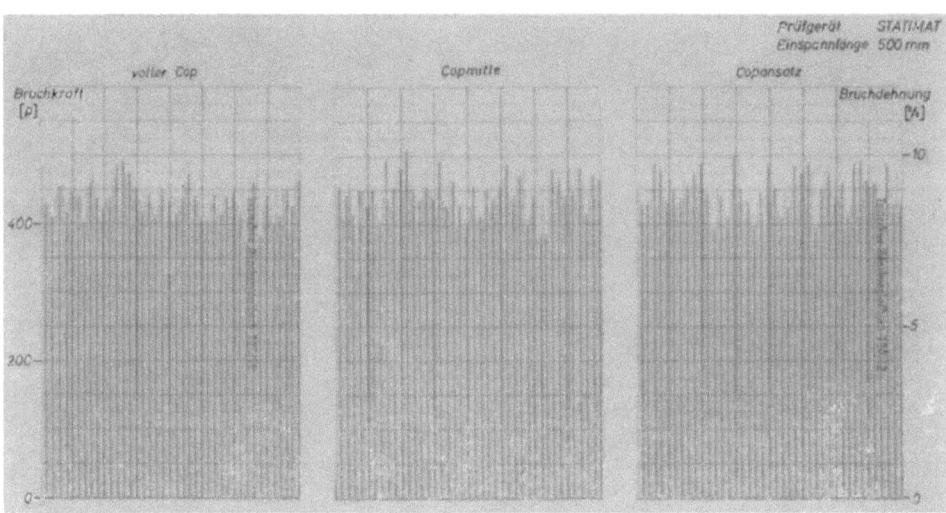

Abb. 20 Bruchkraft und Bruchdehnung eines gekrumpften Baumwollzwirns Nm 57/2
Einfluß der Copfüllung

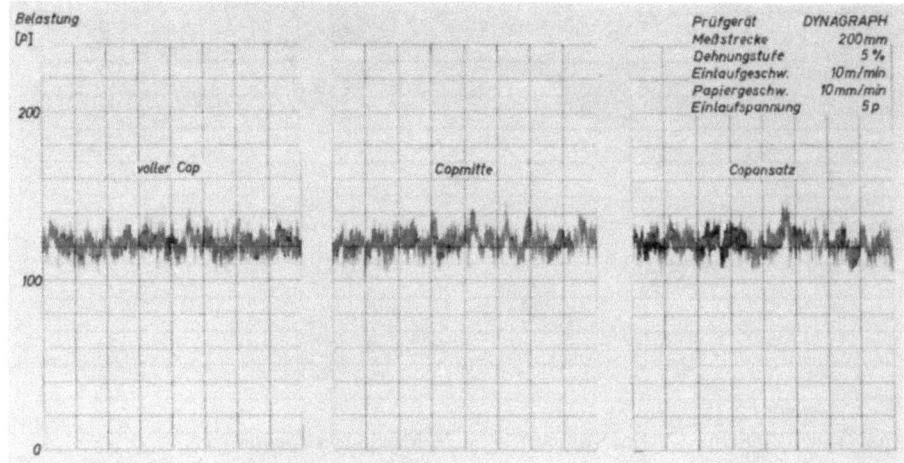

Abb. 21 Dehnungseigenschaften eines gekrumpften Baumwollzwirns Nm 57/2
Einfluß der Copfüllung

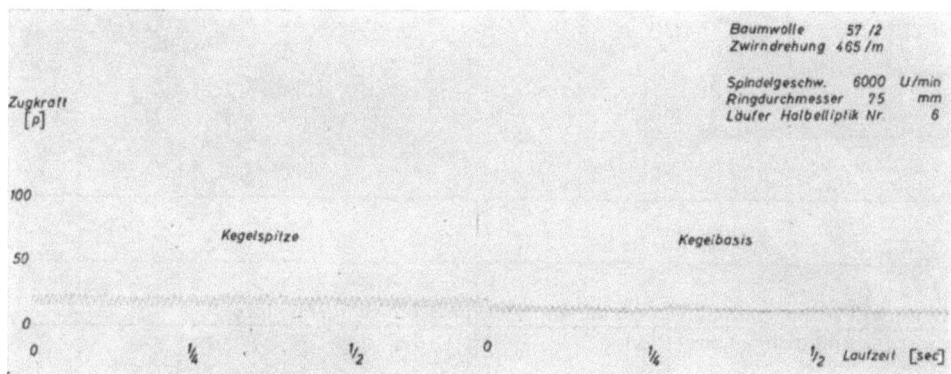

Abb. 22 Fadenzugoszillogramme, an der Ringzwirnmaschine aufgenommen,
Ringstellung zentrisch

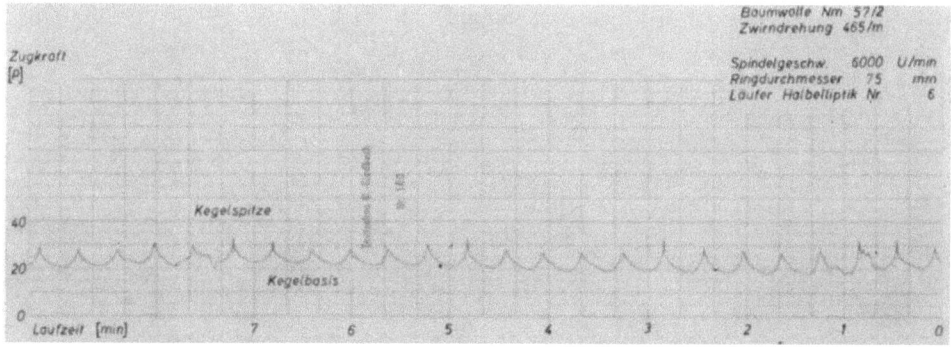

Abb. 23 Fadenzugmittellinien, an der Ringzwirnmaschine aufgenommen,
Ringstellung zentrisch

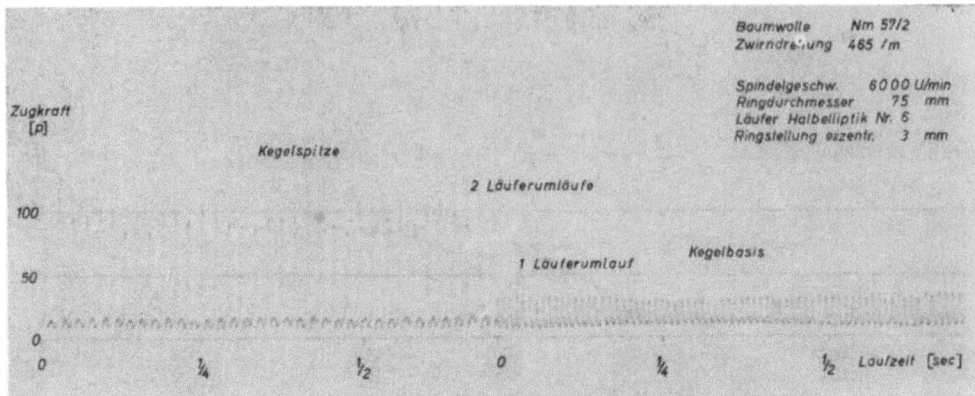

Abb. 24 Fadenzugoszillogramme, an der Ringzwirnmaschine aufgenommen,
Ringstellung exzentrisch

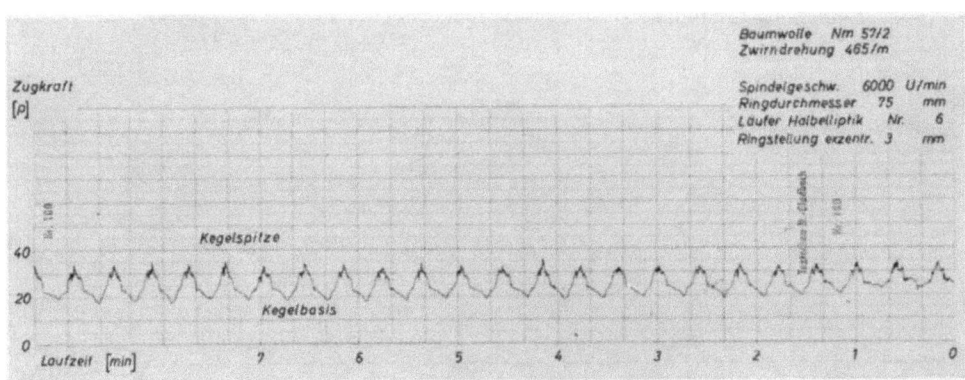

Abb. 25 Fadenzugmittellinien, an der Ringzwirnmaschine aufgenommen,
Ringstellung exzentrisch

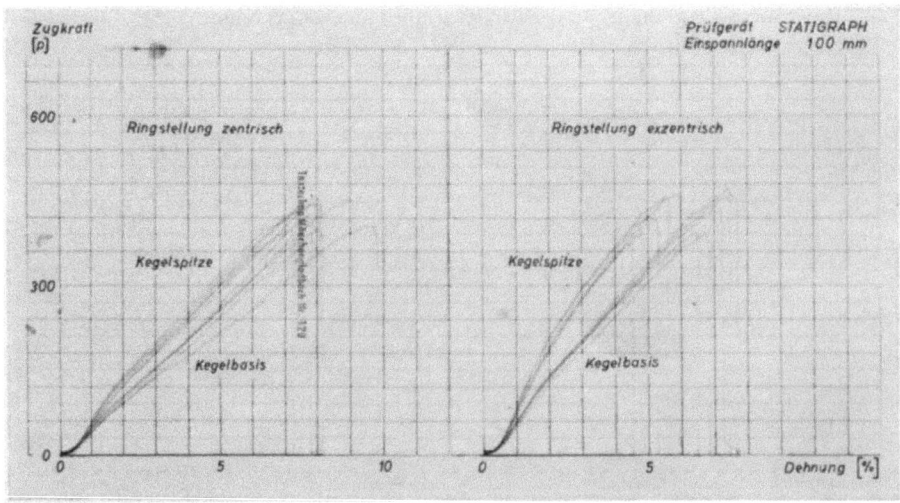

Abb. 26 Kraft–Dehnungs-Eigenschaften von Baumwollzwirnen Nm 57/2
Ringstellung zentrisch und exzentrisch

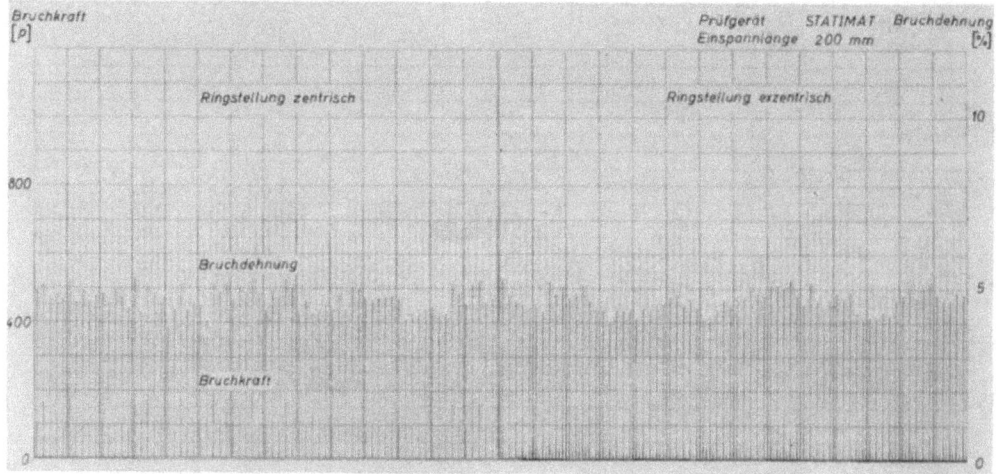

Abb. 27 Bruchkraft und Bruchdehnung von Baumwollzwirnen Nm 57/2
Ringstellung zentrisch und exzentrisch

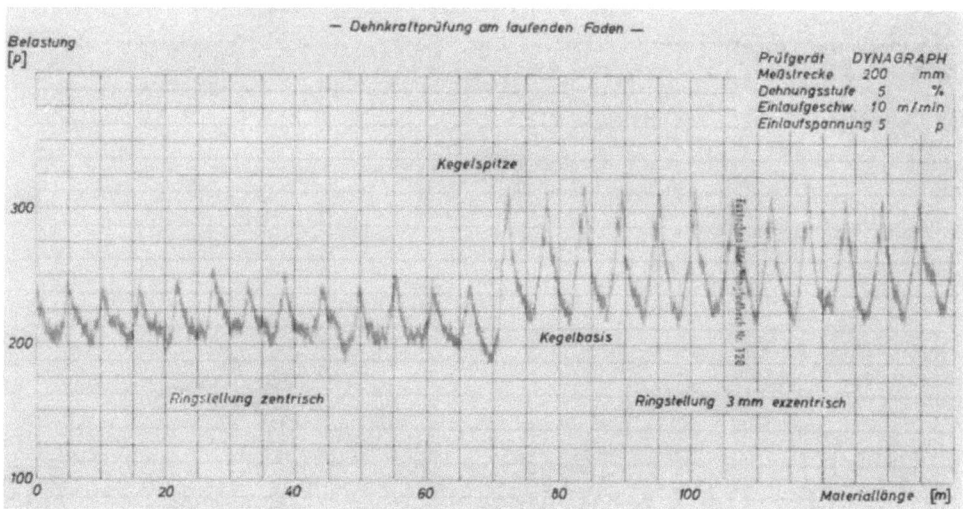

Abb. 28 Dehnungseigenschaften von Baumwollzwirnen Nm 57/2
Ringstellung zentrisch und exzentrisch

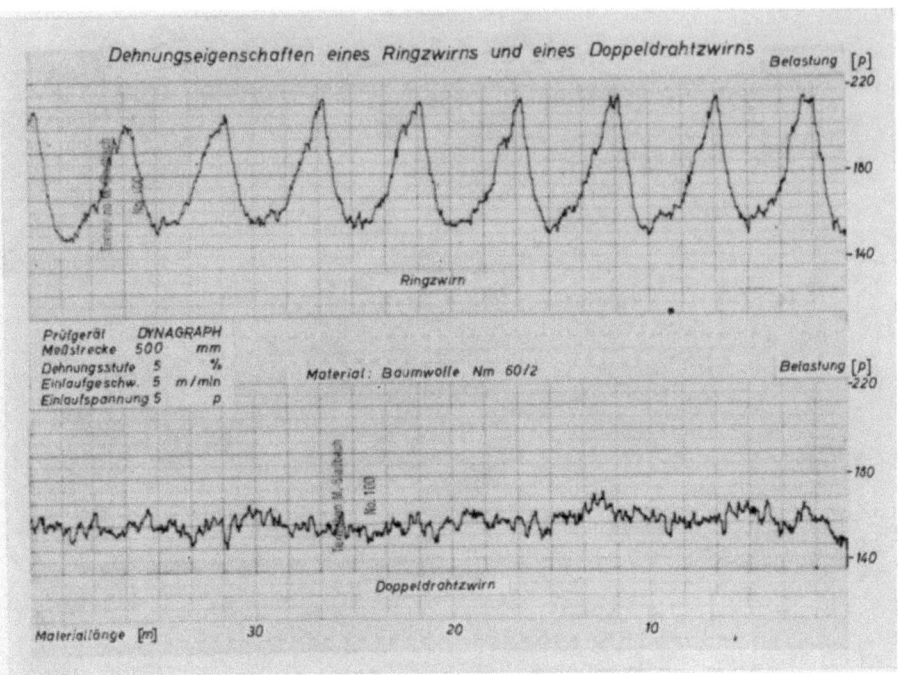

Abb. 29   Dehnungseigenschaften eines Ringzwirns und eines Doppeldrahtzwirns

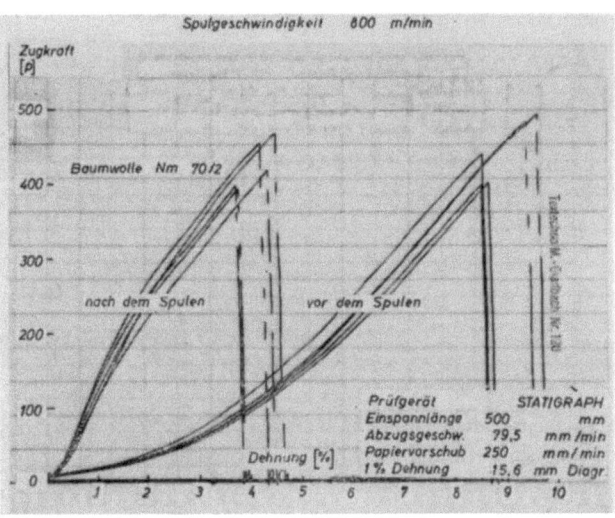

Abb. 30   Veränderung der Kraft–Dehnungs-Eigenschaften eines Baumwollgarnes durch den Kreuzspulprozeß

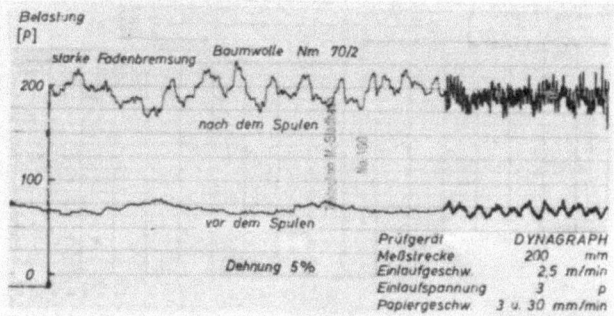

Abb. 31 Einfluß des Kreuzspulprozesses auf die Dehnungseigenschaften eines Baumwollgarnes

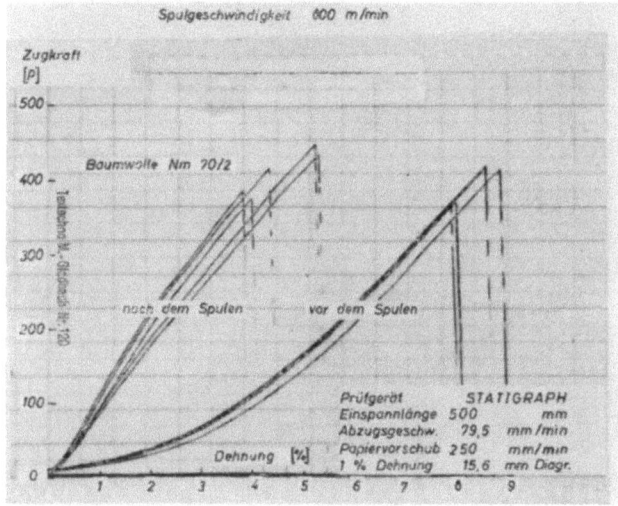

Abb. 32 Veränderung der Kraft–Dehnungs-Eigenschaften eines Baumwollgarnes durch den Schußspulprozeß

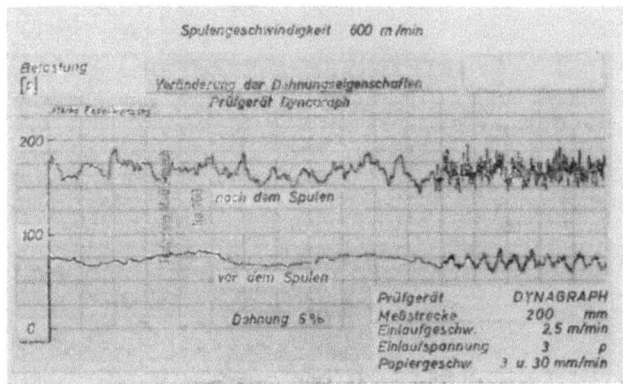

Abb. 33 Einfluß des Schußspulprozesses auf die Dehnungseigenschaften eines Baumwollgarnes

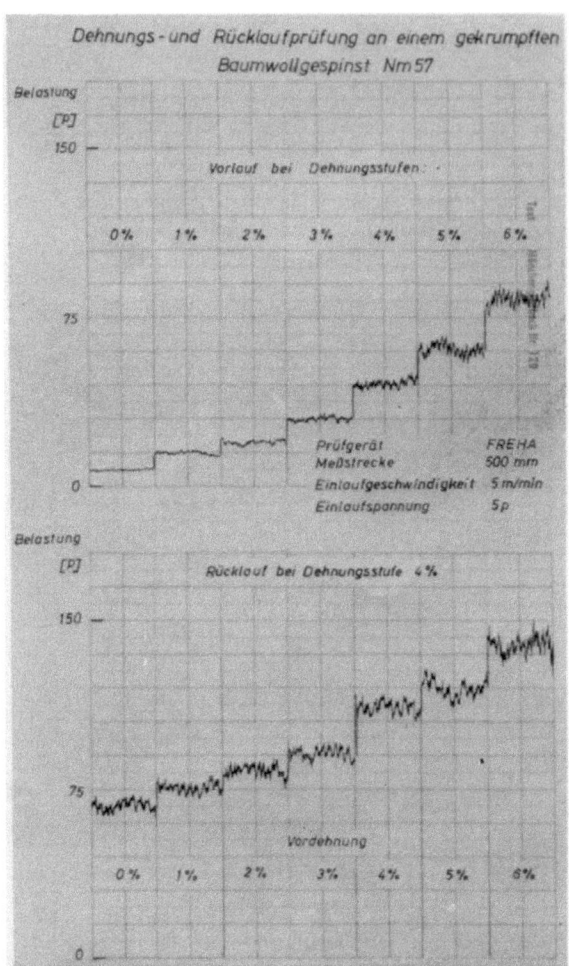

Abb. 34 Dehnungs- und Rücklaufprüfung an einem gekrumpften Baumwollgespinst Nm 57

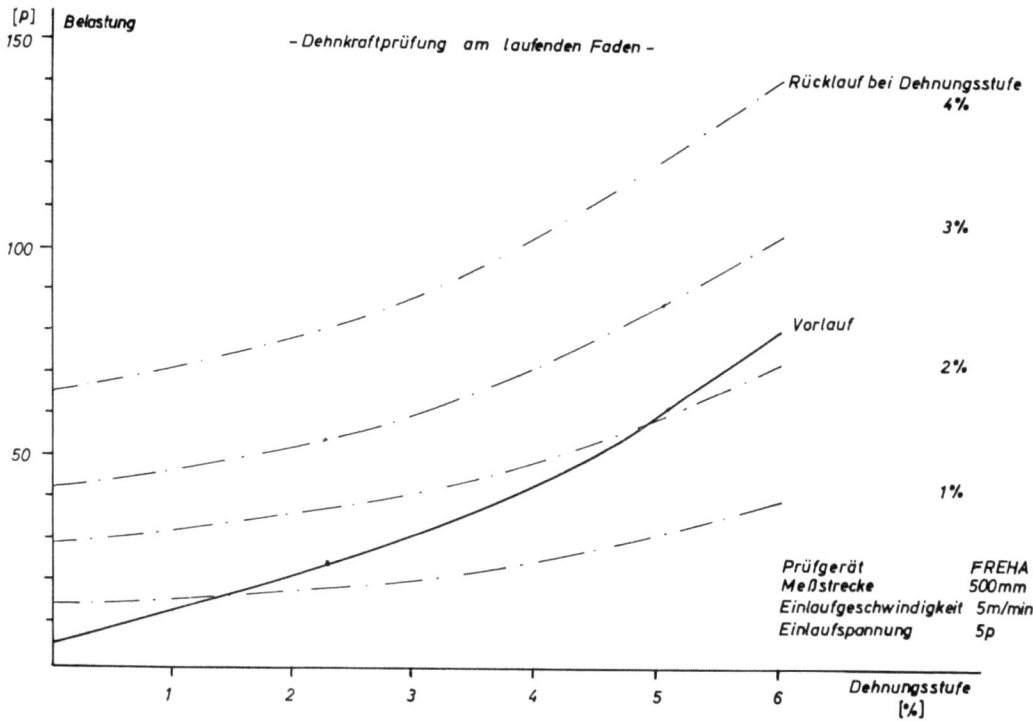

Abb. 35   Kennlinien eines gekrumpften Baumwollgespinstes Nm 57

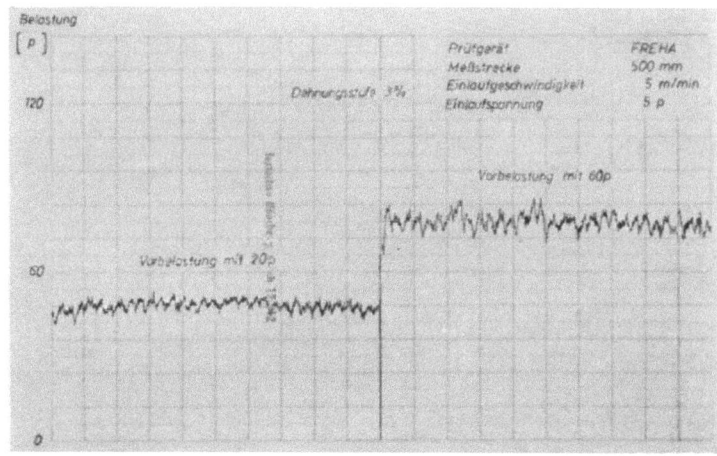

Abb. 36   Dehnkraft-Prüfung an einem gekrumpften vorbelasteten Baumwollgespinst Nm 57

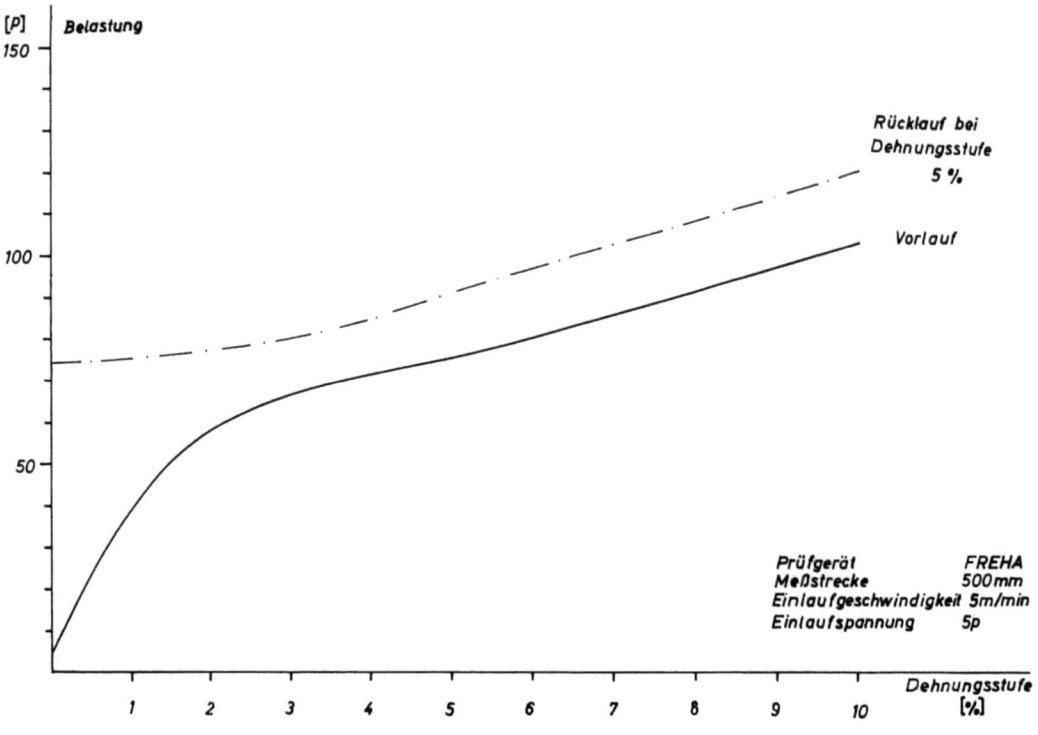

Abb. 37   Kennlinien eines Reyonfadens Td 100/40

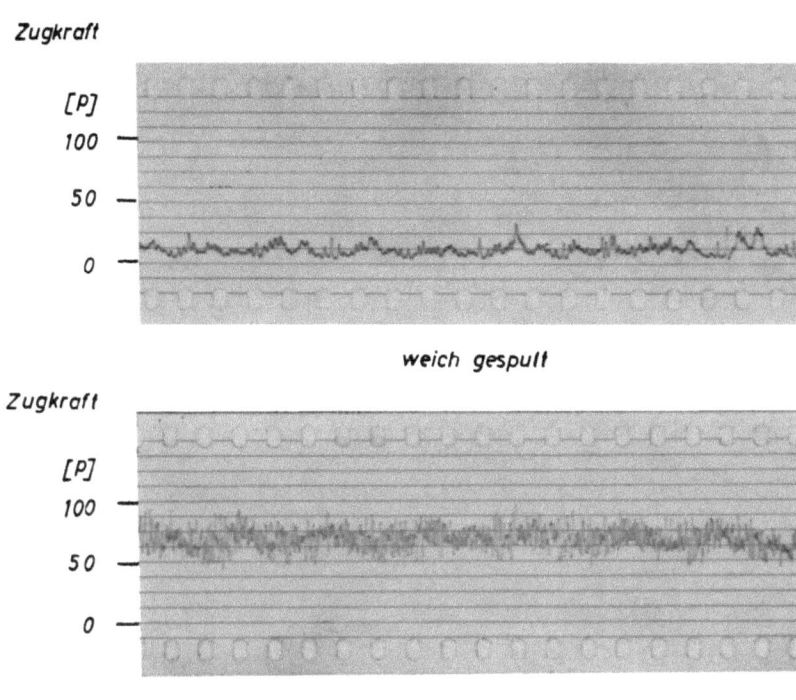

Abb. 38   Fadenzugoszillogramme, an der Spulmaschine aufgenommen

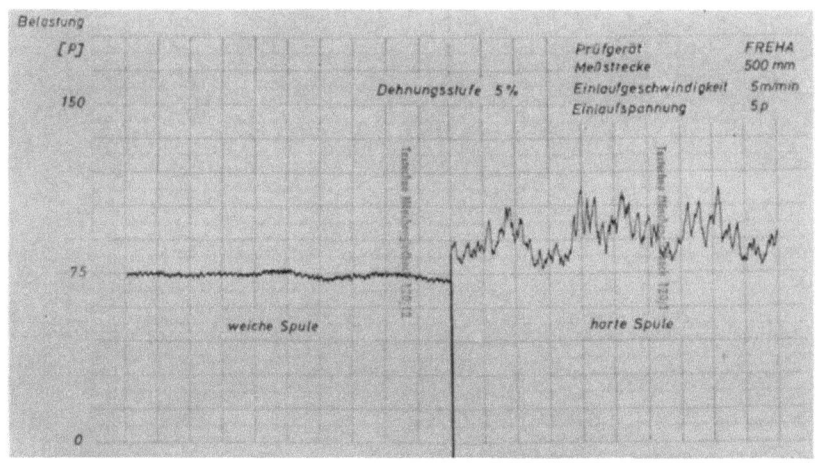

Abb. 39   Dehnkraft-Prüfung an vorbelastetem Reyon Td 100/40

Forschungsberichte des Landes Nordrhein-Westfalen

Herausgegeben im Auftrage des Ministerpräsidenten Heinz Kühn
von Staatssekretär Professor Dr. h. c. Dr. E. h. Leo Brandt

Sachgruppenverzeichnis

Acetylen · Schweißtechnik
Acetylene · Welding gracitice
Acétylène · Technique du soudage
Acetileno · Técnica de la soldadura
Ацетилен и техника сварки

Arbeitswissenschaft
Labor science
Science du travail
Trabajo científico
Вопросы трудового процесса

Bau · Steine · Erden
Constructure · Construction material ·
Soil research
Construction · Matériaux de construction ·
Recherche souterraine
La construcción · Materiales de construcción ·
Reconocimiento del suelo
Строительство и строительные материалы

Bergbau
Mining
Exploitation des mines
Minería
Горное дело

Biologie
Biology
Biologie
Biologia
Биология

Chemie
Chemistry
Chimie
Quimica
Химия

Druck · Farbe · Papier · Photographie
Printing · Color · Paper · Photography
Imprimerie · Couleur · Papier · Photographie
Artes gráficas · Color · Papel · Fotografía
Типография · Краски · Бумага · Фотография

Eisenverarbeitende Industrie
Metal working industry
Industrie du fer
Industria del hierro
Металлообрабатывающая промышленность

Elektrotechnik · Optik
Electrotechnology · Optics
Electrotechnique · Optique
Electrotécnica · Optica
Электротехника и оптика

Energiewirtschaft
Power economy
Energie
Energía
Энергетическое хозяйство

Fahrzeugbau · Gasmotoren
Vehicle construction · Engines
Construction de véhicules · Moteurs
Construcción de vehículos · Motores
Производство транспортных · Средств

Fertigung
Fabrication
Fabrication
Fabricación
Производство

Funktechnik · Astronomie
Radio engineering · Astronomy
Radiotechnique Astronomie
Radiotécnica · Astronomía
Радиотехника и астрономия

Gaswirtschaft
Gas economy
Gaz
Gas
Газовое хозяйство

Holzbearbeitung
Wood working
Travail du bois
Trabajo de la madera
Деревообработка

Hüttenwesen · Werkstoffkunde
Metallurgy · Materials research
Métallurgie · Materiaux
Metalurgia · Materiales
Металлургия и материаловедение

Kunststoffe
Plastics
Plastiques
Plásticos
Пластмассы

Luftfahrt · Flugwissenschaft
Aeronautics · Aviation
Aéronautique · Aviation
Aeronáutica · Aviación
Авиация

Luftreinhaltung
Air-cleaning
Purification de l'air
Purificación del aire
Очищение воздуха

Maschinenbau
Machinery
Construction mécanique
Construcción de máquinas
Машиностроительство

Mathematik
Mathematics
Mathématiques
Mathemáticas
Математика

Medizin · Pharmakologie
Medicine · Pharmacology
Médecine · Pharmacologie
Medicina · Farmacología
Медицина и фармакология

NE-Metalle
Non-ferrous metal
Metal non ferreux
Metal no ferroso
Цветные металлы

Physik
Physics
Physique
Física
Физика

Rationalisierung
Rationalizing
Rationalisation
Racionalización
Рационализация

Schall · Ultraschall
Sound · Ultrasonics
Son · Ultra-son
Sonido · Ultrasónico
Звук и ультразвук

Schiffahrt
Navigation
Navigation
Navegación
Судоходство

Textilforschung
Textile research
Textiles
Textil
Вопросы текстильной промышленности

Turbinen
Turbines
Turbines
Turbinas
Турбины

Verkehr
Traffic
Trafic
Tráfico
Транспорт

Wirtschaftswissenschaften
Political economy
Economie politique
Ciencias económicas
Экономические науки

Einzelverzeichnis der Sachgruppen bitte anfordern

Westdeutscher Verlag · Köln und Opladen

567 Opladen/Rhld., Ophovener Straße 1–3, Postfach 1620

MIX
Papier aus verantwortungsvollen Quellen
Paper from responsible sources
FSC® C105338

If you have any concerns about our products,
you can contact us on
ProductSafety@springernature.com

In case Publisher is established outside the EU,
the EU authorized representative is:
**Springer Nature Customer Service Center GmbH
Europaplatz 3, 69115 Heidelberg, Germany**

Printed by Libri Plureos GmbH
in Hamburg, Germany